GREAT
MIGRATIONS
大遷徙

GREAT
MIGRATIONS
大遷徙

國家地理頻道《大遷徙》系列節目專書

K. M. 科斯提爾

製作人筆記
大衛‧漢林

翻譯：鍾慧元 曾慧蘭 吳珮詩 林佳慧
審定：吳聲海

NATIONAL
GEOGRAPHIC
國家地理學會

大石文化 **Boulder** Publishing

目錄
CONTENTS

大遷徙地圖

書中出現的動物（依筆劃排列）
及故事起始頁碼。

太平洋海象
邱克契海

太平洋海象
白令海

亞　　洲

海

洲

洲

北　太　平　洋

黃金水母
帛琉

白耳水羚
蘇丹

塞倫蓋蒂斑馬
肯亞與坦尚尼亞

紅毛猩猩
婆羅洲（馬來西亞與印尼）

抹香鯨
太平洋

牛羚
肯亞與坦尚尼亞

紅地蟹
澳洲聖誕島

斑馬
波札那

印　度　洋

紅狐蝠
澳洲

澳　洲

抹香鯨
印度洋

南　太　平　洋

0　　1000　2000　3000
公里

0　　1000　2000　3000
英里
比例尺以赤道為準

極　洲

關於地圖

這張地圖大略標示出本書中動物的所在地點。
地圖未必表現出該種的完整棲地或遷徙範圍。

或許這是大自然所譜出的奇景中最波瀾壯闊的一幕，也是一則關於飢餓與渴望、出生與死亡、暴力與勝利的故事。動物大遷徙是一齣精采至極的戲劇，是生物本能與求生所交織成的大自然故事。如果沒有大遷徙，如果沒有一波又一波的牛羚越過塞倫蓋蒂，沒有幾十億隻大樺斑蝶從墨西哥山間振翅起飛，沒有太平洋的海象如艦隊般成群結隊乘著浮冰穿過白令海峽，那麼這些物種全都將走向滅絕。

變動不止的行星

然而是什麼樣的內在與外在力量，驅使這些動物踏上這些刻意為之的高風險旅程，並且穿越好幾百、甚至上萬公里的距離？是什麼告訴牠們何時該採取行動，又是什麼引導牠們朝終點前進？什麼驅使牠們挺身面對註定會讓許多同伴喪命（特別是那些年幼者）的捕食者與自然力量？

科學家致力於找尋這些問題的解答不下數十年。關於一些動物的一部分疑問已經得到答案，不過動物在遷徙時如何判斷方向與展現出的耐力，依舊神祕而引人入勝。在這本書以及國家地理頻道同名節目中，我們將思考並頌讚這個不解之謎。

漂泊信天翁雄鳥在南喬治亞島上向雌鳥秀出展開後長達 335 公分的翅膀。在南極海經過幾個月遊蕩後，成對的信天翁透過求偶儀式重新建立親密關係。

動物世界向來是國家地理學會最熱衷的主題，無論是在國家地理出品的雜誌、書籍與影片中，國家地理學會都一再呈現動物行為親暱、細微處的劃時代重要照片。國家地理第一個電視節目《古德小姐與野生黑猩猩》在 1965 年 12 月於美國 CBS 電視台播出，立刻成為經典之作。當電影拍攝技術愈來愈細膩，節目也更加精美。繼古德的特別節目後，國家地理製作了《棕熊》、《羽翼世界》、《神祕的動物行為》，較近期則有頗受好評的《企鵝寶貝》與《極地熊寶貝》。

當初在 1888 年聚集美國華盛頓特區的那群傑出科學家，想必也會對這些影片拍攝壯舉驚異不已。他們當時希望仿效英國的皇家地理學會，建立一個屬於美國人的學會，致力於「增進與普及地理知識」的國家地理學會因而誕生。為此，他們開始出版一本沒有插畫的雜誌，並鎖定學者與探險家為主要讀者。他們創建的這個學會，如今已經拓展的境地遠遠超出他們想像——將普及地理知識這個目標，帶進他們作夢也想像不到的方向與媒介。

對他們與我們來說，可能難以想像，動物遷徙會是地球上休戚相關的生命中的一個關鍵環節，而我們才剛開始了解動物遷徙所創造出的網絡有多麼複雜與脆弱。新科技有助於科學家及大眾進一步了解動物如何移動，以及遷徙時不可或缺的是什麼。衛星追蹤是這類創新中最新近的發明

大樺斑蝶 飛蕩在墨西哥的森林間，彷彿撒在空中的彩色紙片。這些蝴蝶遷移了長達 4000 公里，來到這個冬季的家。
數量龐大的蝴蝶聚集在山間的森林，近來估計有 1 億到 3 億 5000 萬隻，這裡冷涼的氣候對它們的新陳代謝有益處。
有超過 5 萬公頃森林留下來作為受保護的生物圈保留區，但伐木業正威脅著這個位於保留區外的重要棲地。

之一，讓科學家得以追查動物的動向，這在幾十年以前還不可能實現。新的小型發報器可以固定在 110 公克重的北極燕鷗身上，揭露這種冒險犯難的鳥類飛越七萬多公里，經過曲折的路線，從格陵蘭一路飛抵南極洲——這是所有會遷徙的動物經歷過的最遙遠旅程。衛星追蹤也記錄了大白鯊每年跨越北太平洋長達 9600 公里的遷徙，以及馴鹿在加拿大魁北克省北部的森林與凍原間，每年將近 6000 公里的艱辛路途。這些發現推翻了長久以來人們對於動物習性與遷徙的觀念。

新的追蹤技術經常能前往人類到不了的地方，但對許多生物學家來說，他們最重要的工作仍然依靠過往的方法。

他們花費好幾個月、好幾年、甚至一輩子，待在沙漠、在海裡、在凍原上，依賴自己的視力與聽覺來找尋動物，然後加以觀察、記錄，並試著揣摩只有動物自己才知道的微妙細節。

由於科學家的勤勉與投入，如今一般大眾對動物遷徙的認識已經清楚許多，也更了解遷徙對這個星球的生物多樣性有多麼重要。舉例來說，每年回到阿拉斯加水域的鮭魚愈少，代表許多其他生物將會遭殃，從頂尖捕食者像是太平洋鼠鯊，到森林本身，甚至是河裡的浮游動物，這些生物在某方面都必須仰賴那些前來產卵的鮭魚。

就算是動物日常的移動也可能造成

小海象 依偎在母親身旁，這一大群遷徙中的海象要穿過白令海峽，在春季時乘著浮冰向北漂向邱克契海，然後向南游回沒有結冰的白令海過冬。

深遠影響。研究帛琉一座罕見海水湖的科學家相信，黃金水母每天上下與橫向的移動，可能會因為攪動湖水而為這些水域注入生命。此外，其他的海洋生物學家猜測，由各種會移動的浮游動物構成的深海散射層可能隔絕了碳，對全球氣候有關鍵影響。

但是遷徙本身所代表的這類大規模的全球現象，卻正遭受眾多新的變動威脅。除了氣候變遷帶來挑戰，形成遷徙廊道的棲地正變得更加破碎與惡化，這肇因於人類的活動——擴張的聚落、道路、農地、家畜、市郊，使得長距離遷徙的動物感受到壓力。蒙古草原上的高鼻羚羊遭受威脅，因為季節性的通道愈來愈窄小，而美國懷俄明州平原上的叉角羚必須橫越公路才能繼續踏上前往山區的古老通道。

毫無疑問，遷徙活動不僅僅只影響到遷徙者本身。數量龐大、成群漫遊的野牛曾經使北美大平原更加肥沃，並使土壤翻動後接觸到空氣；林鶯在過去比現在多，牠們一度有助於控制昆蟲的數量。遷徙可能以超乎我們理解的方式，對於這個星球的生態平衡形成一個關鍵機制。

接下來，這本書將展現一幕幕看似精心排練的神奇行動，這些行動每個小時、每一天、每個季節都在世界的不同角落上演，已經超越科學現象的範疇，匯聚成一齣由地球上所有居民共同演出、攸關生命存續的大戲。

牛羚群 從一處岩石露頭跳下來，牠們正經過坦尚尼亞的塞倫蓋蒂平原。牛羚幾乎整年都在不斷遷徙，以緩慢的速度朝順時針方向繞行一個超過 2800 公里的圓圈，追尋季節性降雨與青草。遷徙過程只會在深秋短暫中斷兩到三星期，那時母牛羚會產下新一代的小牛羚。

為移動而生

不管是在天上、在海中，或是橫越大地，大遷徙永遠是關乎生死存亡的長征。其中的風險之大簡直難以衡量，但迎向這些挑戰似乎出自天性。對許多動物而言，遷徙過程就是季節性的朝聖之旅，為的是一個再根本不過的理由——繁衍自己的種族。 **聖誕島紅地蟹**（Christmas Island Red Crab）每年都要朝著大海進行一趟這樣的旅程——即使這整趟艱辛的過程多半只是徒勞無功。為了同一個理由，**大樺斑蝶**振翅飛舞，展開一趟漫長而橫跨多個世代的大遷徙，因為這是確保整個種族存續的唯一

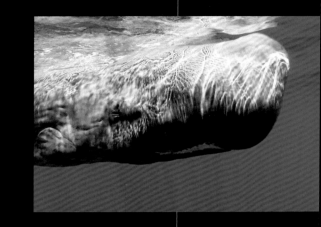

BORN
TO MOVE

辦法。對其他動物而言，行動就是生命，也是恆久無止境的旅程。**雄抹香鯨**在深幽大海中不斷游蕩，獨行俠似的孤寂，唯有與其他抹香鯨接觸的週期性需求出現時，才會被打破。**牛羚**也是如此，牠們的腳步不曾停歇，為了生存而奔馳在塞倫蓋蒂，追逐著使牠們陷入無盡循環的雨水，一直遷徙下去永無止期。

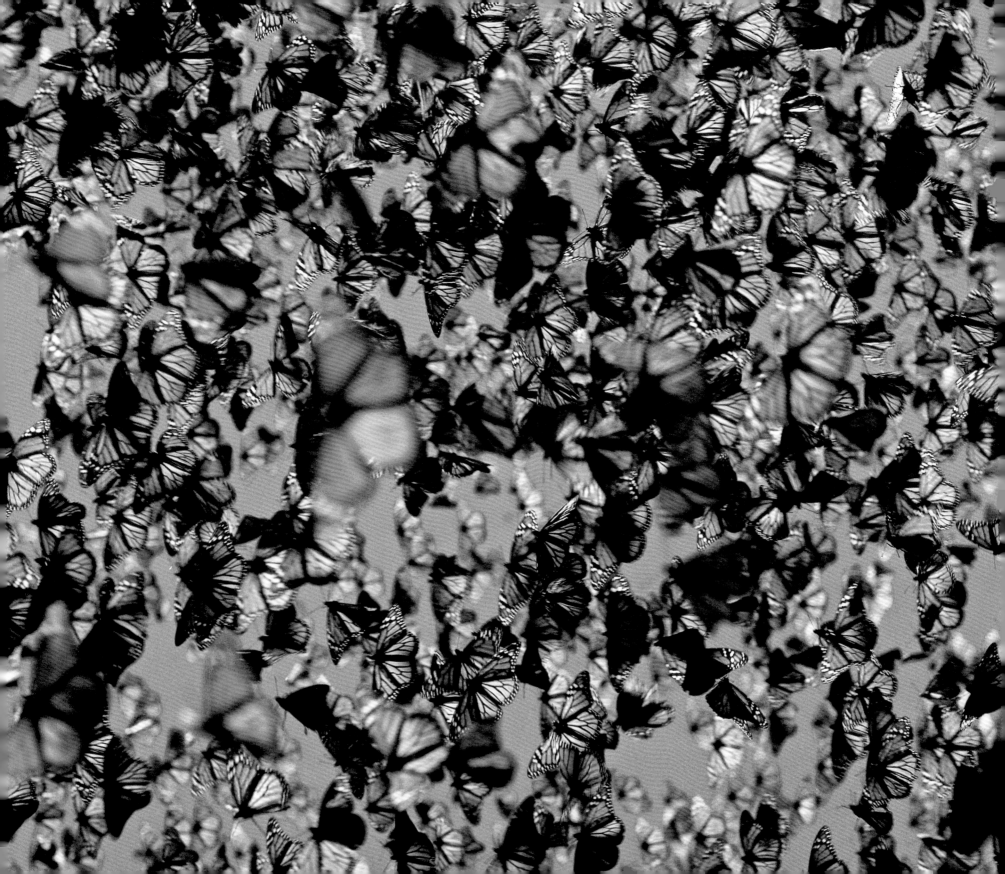

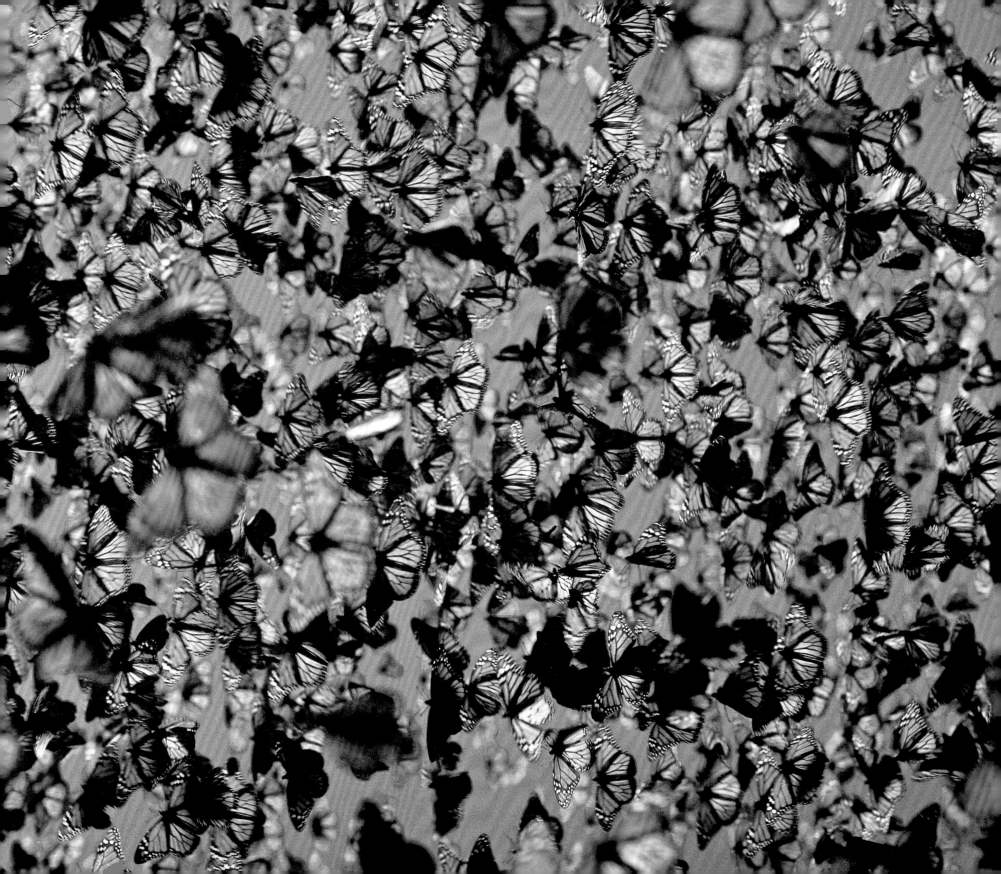

牠們奔騰在塞倫蓋蒂—馬喇地區，牠們自己就彷彿是一股自然力。一百多萬頭牛羚繞著肯亞與坦尚尼亞無盡的開闊平原和相思樹疏林草原飛奔。牠們修長的體型非常適合奔跑，卻與那有著長髯、彷彿對周遭一切默默承受的面孔顯得不協調。牠們的生活就是持續不斷為生存而跑，是永無休止的長途遷徙。群體就是牠們的生命，群體本身就是一個生命體，支配著每一頭牛羚的行動、交配、出生，甚至死亡。

大地上的流浪者

太陽、風、雨水和地質匯聚而成的因素，共同催促著牛羚年年繞行這片牠們已經占據了150萬年的大地。年復一年，在這場賽跑中，牠們追逐雨水與雨水滋生的綠意，翻揚起赤道東非的泥土，跋涉約2500公里。牠們的旅程沒有開始、也沒有結束，但從月曆上來看，從12月到次年年初的那幾個月，這一群數量龐大的草食動物會集結在塞倫蓋蒂國家公園的南端，以及相鄰的恩戈羅恩戈羅自然保育區。有時候，每一平方公里就能擠入將近1000頭動物，全都在啃食「驟雨」帶來的豐盈綠草。短暫的兩三個星期裡，龐大獸群中的雌獸將生下新一代的小牛羚——數量多達50萬頭。

如此多數的小牛羚才能使獸群維持龐大，因為只有六分之一的新生牛羚可以活過第一年。出生後幾分鐘，小牛羚就能站立，為自己必須不斷前進的未來，踏穩虛弱卻關鍵的腳步。不停的移動以及牛羚群的龐大數量，是牠們得以存活的因素，尤其是在出生後脆弱的頭一年。不過無論如何，牛羚媽媽會想辦法清楚告訴牠們：繼續走，低著頭。融入群體，不要引起注意，因為平原上的捕食者——獅子、獵豹、鬣狗和野狗，永遠都在伺機而動。

牛羚是非常矯捷的動物，全力奔跑的時速可達80公里，但小牛羚依舊不是獵豹的對手，因為獵豹朝獵物衝刺的時候，時速可以超過120公里，快過陸地上任何動物。而獵豹卻只是牛羚群面對的其中一種危險而已。

在小山頭的陰影處，岩石露頭點綴在短草平原上，獅子也正成群的等待白晝結束，牠們比較喜歡在晚上狩獵。在夜色的掩護下，獅子採取了行動。牠們伏低身子、一點一點慢慢逼近，然後從夜色中竄出，一擁而上，衝向最脆弱的目標——病弱的成年牛

牛羚 在日落時分奔跑過坦尚尼亞塞倫蓋蒂國家公園中塵土飛揚的平原。牛羚的英文名 wildebeest，與 wild beast（野獸）同音，這是荷蘭拓荒者給牠們取的名字；努（gnu）則是一種非洲語對牠們的稱呼。

一頭獵豹在肯亞的馬賽馬喇國家保留區中，走過正在吃草的牛羚與斑馬群。

捕食者常鎖定剛出生、剛開始學步的牛羚，像是坦尚尼亞塞倫蓋蒂國家公園裡的這頭初生牛羚，牠的母親在一旁密切守護著。

羚、小牛羚，或是離群太遠、才一歲多的牛羚。牛羚撒開四蹄狂奔，大貓緊追在後，以尖牙利齒撲抓牛羚的腰背。獅子只要抓到獵物，就會盡量吃個飽。鬣狗和禿鷲會撿食牠們的殘羹剩餚。

不過牛羚的確有一項戰略優勢。包括小牛羚在內，牠們天生就要不斷前進。相較之下，比較依賴的小獅子或多或少像是定居的動物。獅子在下手攻擊前，總得先等牛羚漫遊到牠們的領域內

才行。而短草平原提供的良好視野又給了這些獵物另一項戰略優勢。比起較高一點的草中，這裡更容易看到偷偷摸摸的捕食者。短草雖然不是最翠綠的，卻對牛羚大有益處，短草富含對牠們生存至關重要的礦物質。

百萬年前的更新世，火山噴出火山灰，形成了「塞倫蓋」（siringet），在當地馬賽語的意思是「大地綿延不絕之處」。在塞倫蓋蒂南部，雨水淋溶出火山灰中的鈣，在薄薄的表土層之下形成了緻密的硬磐。這裡只有根系淺的短禾草才長得出來，不過也多虧了這些火山灰土壤，使得這些草含有豐富的磷。當牛羚媽媽吃草時，也一併攝取了對母親泌乳以及對小牛羚發育來說不可或缺的磷。

當牛羚一路啃草，往塞倫蓋蒂北部前進時，牠們其實並不孤獨。約有 20 萬頭草原斑馬，和 35 萬頭湯姆森瞪羚與牠們同行，牠們都屬於一個巨大的自然網絡，這個網路是動植物相、氣候與地質的複雜匯聚。斑馬是這場移動盛宴的先遣部隊。這些狼吞虎嚥的草食動物，可以用牙齒扯去草原禾草枯敗粗硬的葉尖，底下新生的葉片與莖稈便能裸露出來並成長。

跟在後面的是吻部寬闊的牛羚，啃食著牠們生存所必須的新生嫩草。牠們簡直像巨大的進食機器，犁過短草草原、將草原整平的同時，也以糞便施肥，以唾液和尿液灌溉，使這片草原獲得強化。牠們的蹄踏碎堅硬土壤，刺激草的再生。接著牛羚後面出現的湯姆森瞪羚到達的時候，塞倫蓋蒂已經又是綠油油的一片了。

牛羚的年度大遷徙，沿著順時針方向緩緩畫出一道弧線，牠們不斷前行，一頭接著一頭，通常只連成一排，跟著自己前面的牛羚留在草上的費洛蒙痕跡前行。3 月到 5 月，為了那些能讓塞倫蓋蒂更加多采多姿的雨水，牠們隨時保持警戒，朝著地平線上的閃電或雷雨雲，或朝著水氣的味道和愈來愈重的濕氣前進。牠們知道下過雨後，草原會再度青翠、水窟也將重新滿溢。捕食者也許會在綠洲等著牠們，但這個險卻非冒不可。

到了 5 月底、6 月初，當雨季終結，牛羚群便轉往塞倫蓋蒂國家公園的西部走廊，一年一度的發情期也開始了。所有的成熟母牛羚都在這時候發情，以確保牠們能在下一場雨季使草原再度披上綠意時生產。開始發情的時候，公牛羚擺好架式以建立地盤，開始展示自己，希望能博得雌性青睞，並光臨牠們的

地盤。公牛羚間的打鬥，不過是儀式性的虛張聲勢，而雌性則在各個地盤之間自由穿梭，和不同雄性交配。

發情也和產仔一樣，被壓縮在短短幾周的時間裡。等到太陽烤乾了非洲的土地，牛羚也開始迅速地往西北遷移，急著把坦尚尼亞境內水草不豐的塞倫蓋蒂拋在腦後。牠們小跑步前往肯亞的馬賽馬喇國家保留區（Maasai Mara National Reserve），那裡的食物與水確保牠們能撐過乾季。

但要抵達那裡，就得通過或許是牠們的最大挑戰——馬喇河。為了某些我們不知道的原因，牛羚只挑少數幾個涉水點過河。無情的湍急河水，沖走了數千頭牛羚，腫脹的屍體堆積在河岸邊。而在渡河點等著牠們的，則是牠們跑不贏的捕食者。

身長6公尺，體重約680公斤的尼羅河鱷，可以摺倒一頭重約230公斤的成年牛羚。鱷魚的巨顎緊咬著同樣巨大的獵物頭部，讓牠動彈不得，再以可觀的蠻力，將牠拖向死亡。這種鱷魚一次進食可以吞噬相當於自己一半重量的食物，而馬喇河裡鱷魚的年度循環，也圍繞著牛羚遷徙註定會帶來的瘋狂饗宴。

跟河流比起來，鱷魚只不過帶走了牛羚群的一小部分。然而儘管有這些危險，牛羚還是得完全依賴馬喇河，它是這個區域唯一全年都不枯竭的水源。然而近年來，可靠的馬喇河水流日漸縮小，因為馬喇河的集水區、也就是肯亞高地上的茂森林（Mau Forest），遭到製木炭的民眾與種小麥的農民的砍伐。沒有了像海綿般濕潤的森林地表供給水源，馬喇河可能會乾涸。若是河流消失了，科學家羅賓・雷德推測，「牛羚族群會整個瓦解。」

這還不是大遷徙面臨的唯一威脅。據估計，因為盜獵，每年有高達20萬頭動物遭宰殺，以滿足叢林肉的交易。還有更要命的問題，牛羚遷徙所需的土地也有危機。牛羚的環狀移居路徑有一部分受到國家公園和保留地的保護，但牠們經常漫遊到這些區域外面。由於人口壓力持續逼進這些保留區的邊緣，有愈來愈多農田與圍籬就這麼擋在牛羚不停漫遊的路線上。

1950年代晚期，德國法蘭克福動物園園長伯納・葛資梅克和他兒子麥可開始飛越塞倫蓋蒂上空，希望能從

牛羚面對的捕食者中包括獵豹（對頁最上；上右）。
獵豹的策略是先抓住一條腿，然後把獵物往地上摔（對頁，下）。兀鷹一直在觀察，從來不錯過任何能撿食殘羹剩肴的機會（上左）。
次頁：牛羚群奔竄在肯亞馬賽馬喇國家保留區塵土瀰漫的平原。

鳥瞰角度觀察大遷徙，也希望對牛羚的實際數量有比較清楚的概念。他們開創性的空中調查賠上了麥可的性命。1959 年，在拍攝紀錄片《永遠的塞倫蓋蒂》（Serengeti Shall Not Die）的時候，麥可的小飛機撞上一隻兀鷹而墜毀。不過，這部電影卻成為經典，敦促大眾多加同情與了解非洲脆弱的自然世界。

葛資梅克在與紀錄片同名的書中寫道：「惟有自然是永恆的，除非我們愚昧地毀了它……50 年之後，當一頭獅子走進破曉的紅色陽光中，發出宏亮的咆哮聲，牠會讓人不能忽視，讓人心跳加快……人們將懷著敬畏靜靜站在那裡，這會是他們此生第一次看見 2 萬頭斑馬漫步過無盡的平原。」

葛資梅克深知，就算只是人類的無心之過也能造成多大的破壞。他到塞倫蓋蒂的時候，牛羚正受傳染病威脅，數量大減。1880 年代的某個時候，牛瘟經由歐洲進口的牛隻來到非洲東部。短短幾年間，就消滅了 95% 的非洲水牛與牛羚數量，以及東非馬賽人和

其他遊牧民族與牧民賴以維生的馴養牛隻。通常只吃大型有蹄動物的獅子，變成吃人的動物。而沒有了這些持續不斷越過塞倫蓋蒂、啃食草與莖葉的動物，北部平原的草地開始被林地與灌叢取代，因為那邊的土壤比較厚，雨水也比較多。70 年之後，疫苗終於控制住馴養牛隻的牛瘟，接著牛羚也克服了牛瘟。牛羚的數量從 1961 年低點時的 22 萬頭，暴增到 1975 年的 140 萬頭。如今，縱橫在肯亞與坦尚尼亞的龐大獸群數量，約在 100 到 120 萬之間。

這趟一年一度的朝聖——地球上僅存最大規模的陸生動物大遷徙，必須建立在遼闊的空間上。沒有讓牠們追逐雨水的空間，牛羚就無法生生不息。保育團體與政府正努力保住牠們的遷移廊道，不過在這樣一片資源缺乏、人類需求又持續高漲的土地上，這是一場吃力不討好的戰役。但是牛羚不懂集水區，不懂公園邊界，也不懂能拯救牠們又能毀滅牠們的地理政治學，牠們此時仍在移動，跟雨水賽跑，越過綿延不絕的永恆大地。

草原斑馬 通常都會隨著牛羚出現，如果這種大型馬科動物和獸群分開，就有潛在的危險。牠們是獅子攻擊的目標，一定要既警覺又逃得快（上）。個別的斑馬從緊緊挨在一起遷徙的牛羚群中找到庇護（對頁）。 次頁：牛羚在坦尚尼亞的河流中享受片刻清涼。

危機四伏，牛羚渡過肯亞的馬喇河時，尼羅河鱷早已靜靜守候在旁。

鱷魚跳出水面攻擊，牛羚立刻驚慌地快速過河。

聖誕島位於爪哇南方約 350 公里處，是廣袤的印度洋中一個幾乎小到無從分辨的蕞爾之島。但每年 11 月，當季風籠罩，濕氣滲入陸地，聖誕島的表面也開始鋪上滾滾的紅色，展現盎然生機，因為數以百萬計的生物沸沸揚揚，堅決地進行這場可能終將失敗的遷徙任務。

朝大海進發

聖誕島知名的紅色螃蟹，聖誕島紅地蟹（*Gecarcoidea natalis*）幾乎一整年都過著獨居生活，活動範圍僅限於聖誕島中央高原的雨林。牠們疾行穿過雨林地表，彷彿吸塵器一般，吞噬著雨林中的落葉、花朵與幼苗。牠們留下的碎屑，作用如同肥料，讓養分能回收利用，而牠們挖的洞穴，則有助於翻鬆土壤、讓土壤透氣。這些陸蟹迫切需要空氣中的水分，但乾季時水氣不足，牠們便躲在各自的洞穴中，往洞裡塞滿葉片，藉此留住水氣。然後牠們就這麼等上兩三個月。

10 月底、11 月初，顯露出第一絲下雨的徵兆時，牠們便再次爬出地表，開始一年一度前往大海的朝聖之旅。雨水當然有助於觸發牠們的遷徙衝動，不過賀爾蒙似乎也發揮了作用。有一種在濕季才會釋放的特殊賀爾蒙，有助於產生令牠們精神百倍的葡萄糖。面對眼前嚴酷的遷徙行程，這些紅地蟹需要一切能夠取得的能量。

環繞聖誕島中央高地的是一片石灰岩階地，讓聖誕島看起來彷彿像結婚蛋糕。螃蟹在成功穿越這片階地之後，繼續朝著西北海岸邊綿延數公里的海岸階地前進，那裡位於好幾公里外，高低落差有 210 公尺。到底是什麼引導著這些紅地蟹，目前還不清楚，不過科學家認為，牠們也許是憑藉視覺和過去習得的路線，還有天空的偏光，可能還有螃蟹本身接收磁場的磁受體。

體寬達十公分的大型雄蟹最先出發。其中年紀最大的已經有十幾年的經驗，而且不論牠們在中央平原占據哪個生態區位，牠們都知道通往大海、通往自己出生地那片海灘最直接的路線。牠們調整自己的步伐，選擇一天中較涼爽的早晨和傍晚行走。熱是牠們的敵人，害牠們很快脫水。牠們憑本能就知道要避開熱，但是汽車和卡車更難對付，即使政府已經貼出「有螃蟹穿行」的標誌，並沿著牠們遷徙的路線在馬路底下修築了地下通道。在當地高爾夫球場（不知為何剛好就蓋在螃蟹年度路線中間）打球的人也知道要讓路給這些行色匆匆的紅色甲殼動物。

對螃蟹來說，還有比交通工具更要命的，那就是島上較晚到來的新住民──長腳捷蟻（yellow crazy ant）。這是一種原生於非洲但入侵到一些太平洋小島的外來物種。長腳捷蟻是兇殘而有計

遷徙到海邊交配、產卵之前，乾季時紅地蟹獨自生活在潮濕的洞穴中，直到雨水觸發紅地蟹釋放出能刺激活力的賀爾蒙。

聖誕島上的雨林 是紅地蟹在乾季時的棲地。那幾個月裡，牠會躲在雨林潮濕的洞穴中。

當紅地蟹爬出洞穴，遷徙到海邊進行交配的過程中所面對的危機包括穿過鐵軌，還有面對海岸的陡峭懸崖。

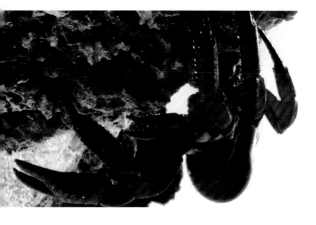

畫的殺手，牠們把蟻酸噴向螃蟹的眼睛和口器，再群起圍攻。牠們不只吃螃蟹而已。這種螞蟻是高度社會化的動物，能團結合作，建築起超級聚落，甚至還會攻擊體型更大的動物。紅地蟹根本不是牠們的對手。短短 30 年螞蟻已經讓紅地蟹的族群量削減到只有從前的一半。

受影響的不僅是紅地蟹而已，這種螞蟻更開始衝擊整個島上的生態系。牠們也吃雨林中的介殼蟲，而這種介殼蟲進食的方式，會刺激煙灰霉（sooty mold）的生長，最終導致樹木死亡。其實紅地蟹對森林也有某種負面影響，牠們會吸乾能更新森林下層植被的幼苗。多虧了這些捕食性的螞蟻，也許森林可以因為螃蟹和介殼蟲變少而獲益。不過生態系是複雜而具微妙平衡的有機體。當生態系的過程出現轉移與變動的時候，後果難料。

這個時候，紅地蟹則以平均一天 800 公尺的速度繼續牠們邁向大海的旅程。不過牠們能走多快要看降雨情形。如果季風來得剛好，那麼整個遷徙就不會那麼狂亂，紅地蟹可以用比較從容的步調行進，邊走邊進食。不過如果雨水像最近這幾年來得這麼遲，這趟路就會變成衝向海邊的衝刺。沒有了大雨，這些非常依賴環境濕氣的陸蟹，還沒到大海就會因為脫水與力竭而死亡。

在氣候最理想的季節，第一批雄蟹大約花一個星期就能抵達西北沿岸的海濱階地，那邊的浪比較小。雄蟹做的第一件事就是下海，從拍岸的浪花、潮池、濕沙與岩石吸收生存必須的水分與鹽分。一旦補充完畢，牠們便往回走到海濱階地，在那裡拼命挖掘交配用的洞穴。洞很密集，有時甚至每平方公尺的階地上就有兩個洞。爭奪領域的打鬥可能很激烈，有時候甚至會奪走性命。雌蟹會在一兩天內抵達，等她們浸夠了海水中使體力恢復的鹽水，就會被雄蟹吸引到洞穴中交配。

一旦交配完成，雄蟹就把洞穴拋在腦後，展開回程的遷徙，朝著聖誕島有森林覆蓋的中心地帶往上爬。雌紅地蟹則留在洞穴裡。交配之後三天，雌蟹就會開始產卵，每隻大約可以產下 10 萬顆。她還要躲在提供足夠濕氣的洞穴裡 12 天，等待育兒袋裡的卵成熟。

接下來，在下弦月的最後一兩天裡，這些「結實累累」、帶著很多卵的雌蟹開始出洞了。在月相的這個階段，高潮與低潮間的潮差最小，而紅地蟹大遷徙的每一個步驟都是為了配合這一刻。在高潮線之後有限的遮蔽處，雌蟹像是在疊羅漢，形成火紅小丘，發出像雛鳥叫聲般詭異的吱嘎聲。趁著夜色昏暗，潮水高漲，螃蟹媽媽開始小心翼翼地啟程爬進大海，最終則是魯莽地衝進浪花中。她們的步伐看似吉格舞的舞步，腹部彎曲著來讓卵離開，讓小螃蟹一波波釋放到大海裡。夜復一夜，產卵奇觀大約可連續上

為期一周的遷徙中，紅地蟹得要爬下陡峭的懸崖（左上），很多紅地蟹還來不及到達海岸的目的地（上），就摔死在那裡了。到了海岸，在開始交配前，牠們會先衝向浪花與潮池，補充牠們迫切需要的水分（對頁）。

雌紅地蟹大腹便便，在月色中爬下懸崖，要把卵產在大海中。

新孵化的螃蟹只有極少部分能活著回到陸上。 大部分的紅地蟹都被海中的捕食者吃掉，或是遭強勁的海流捲走。

演五、六個晚上。一些雌蟹想要在離海面 6 公尺高處的懸崖上
產卵。有的完成了這個高難度動作，有的卻因此致命。

不過，在這趟悲劇色彩濃厚的遷徙中，這只是其中的一幕
而已。潮水與海浪把這些紅色小蟹苗遠遠帶往大海，鯨鯊、鬼蝠
魟和其他魚類便大肆吞食牠們，被吃掉的數量有數百萬之多。
蟹苗必須在危機四伏的大海中存活 25 天，直到長成像蝦子似的
大眼幼蟲。那些能夠撐到這個階段、又回得了聖誕島的，會在
海岸附近待上一兩天，在那裡，牠們
會長成小小螃蟹的模樣。

此時，如果有倖存者，就會是這
些體寬還不到 5 公釐的小螃蟹。然而
在大部分的年份，甚至連一隻倖存的
都沒有。如此一來紅地蟹歷經的這整
趟艱困危險的遷徙，完全徒勞無功。
不過，每十年裡或許會有一兩年，會
有幾百萬隻小小螃蟹成功上岸，像出
征的大軍般爬出海洋，入侵人類的家，
以及擋在牠們路線上的一切東西。牠們憑直覺一路爬往聖誕島中
央平原。牠們這樣龐大的數量足以確保這個物種的存續——前題
是未來紅地蟹前往大海的偉大行軍，不會被鷺與鶇、氣候變遷、
長腳捷蟻和人類無知的行為給斷送的話。

紅地蟹蟹苗 能躲過海洋捕食者的，不過是所有卵的一小部分。
蟹苗（上）很快就會長得很像螃蟹，展開生命中第一次前往森林的長途跋涉（右）。

大樺斑蝶（帝王蝶）的遷徙，是每年最壯觀的史詩之一，是跨越數代的漫長漂泊，一直在美國的大草原與平地，以及林木蓊鬱的墨西哥火山山坡上演。飢餓、乾渴、低溫，甚至同類相食，都是潛伏的危險。但其中的英勇事蹟卻極為動人。這體重不到 0.3 公克的小生物，卻完成了距離超過 3200 公里的遷徙飛行。然而，從這些翩然飛過房屋後院與農田的黑斑點橘色大樺斑蝶身上，似乎難以察覺牠們會是主演這齣高難度劇本的生存高手。

0.3 公克的奇蹟

對所有大樺斑蝶來說，如戲般的生命是從一種叫做馬利筋（milkweed）的植物下面開始的。對牠們來說，這種植物就是牠們的命脈，是蝴蝶卵的孵卵場，也是滋養新生幼蟲的乳汁。沒有馬利筋，大樺斑蝶的毛蟲，甚至整個種類都無法存活。

美國德州的早春，新生的馬利筋剛剛冒新芽，懷孕的雌帝王蝶從墨西哥飛上來，乍然現身。要成功產下卵，雌蝶所需要的馬利筋愈多愈好。每隻蝴蝶媽媽大約要產下 200 顆卵，在最佳狀況下，這些卵應該要分別產在很多株馬利筋上，這是避免手足相食的保護手段。四天之後，卵中的幼蟲成熟了。接下來，毛毛蟲就會咬破卵殼，開始沿著馬利筋慢慢蠕動前行。牠會毫不猶豫吃掉沿路所有未孵化的卵，不過馬利筋才是牠真正的大餐，同時也是終極保鏢。因為這種植物分泌的樹汁，富含對其他動物有毒的配糖體（glycoside），所以飽食馬利筋的大樺斑蝶對大部分的潛在捕食者來說都難以下嚥。毛毛蟲的前兩個禮拜都在大嚼馬利筋，使自己大幅增重。最後，牠脫去毛蟲外皮，把自己變成綠色的蛹，以絲線掛在樹枝、葉片、甚至屋簷底下。在這一小塊翠玉般的綠色空間裡，大樺斑蝶將自己徹底改造。牠的細胞不斷變形，直到這個變身的奇蹟完成。在最後幾天，在幾乎已呈透明的蛹中，蝴蝶漸漸成形。然後就在短暫片刻中，完全成形的蝴蝶破蛹而出。

隨著春天降臨，也隨著馬利筋在平原上的生長，新羽化的大樺斑蝶展開了自己的生命循環。牠們似乎會追蹤天氣，尋覓有利於牠們繁衍與幼蟲成長的溫度。當季節更替，老一代的大樺斑蝶結束了牠們的旅程，新一代則繼續往東北方飛行，進行一年一度的朝聖之旅，有些蝴蝶甚至能一路飛抵加拿大南部。

帶著馬利筋的毒性，又披著用以警告捕食者的鮮豔外衣，大樺斑蝶通常能夠抵禦捕食行為。但大樺斑蝶吃的馬利筋並不是每

大樺斑蝶的毒性 從啃食馬利筋的小毛蟲開始。這種植物含有毒性化學物質，味道糟糕，捕食者很快就知道還是避開為妙。

曠時攝影照片 展現大樺斑蝶從又大又鮮豔的幼蟲開始到變態的各個階段。

到了第二階段，蛹慢慢發展為成體，最後終於羽化，準備飛翔。

個品種全都有毒，有時候捕食者還是會攻擊。肉食性的螳螂會擺出狩獵姿勢，但文風不動，看起來彷彿沒什麼攻擊性，但牠會迅雷不及掩耳抓住毫無戒心的大樺斑蝶，拿來當做簡便的一餐。

到了秋季，當氣溫涼爽下來，第四代的大樺斑蝶也進入了繁殖停滯期，儲存體力以面對遷徙大考驗的最後挑戰——長程南下到故鄉墨西哥。以太陽為羅盤，地球磁場為導航工具，這些蝴蝶回到密喬康（Michoacán）的一小片森林，完全沒有偏差，那是在讓人卻步的 3200 公里之外。

花蜜讓牠們撐過這趟遷徙的最後一段長路，從紫苑、一枝黃花、苜蓿與紫花苜蓿採來的花蜜被轉化成脂肪，可以儲存做為南行的動力來源，並作為大樺斑蝶度冬的存糧。不過燃料的載運必須付出代價，也就是會耗掉能量。這種損失有一部分能由風力來彌補。如果風向適合，大樺斑蝶就能乘風而去，幾乎不費吹灰之力往前飛；沒有了風，每拍一下翅膀都是要耗費能量。

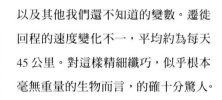

大樺斑蝶回程能飛多快，取決於風和天氣、蜜源植物的取得，以及其他我們還不知道的變數。遷徙回程的速度變化不一，平均約為每天 45 公里。對這樣精細纖巧，似乎根本毫無重量的生物而言，的確十分驚人。

到了冬天，大樺斑蝶已經成功回到了墨西哥市西邊 96 公里、橫貫火山山脈上森林覆蓋的山坡。在偏遠火山山坡上的歐亞梅爾杉與松樹原始林中，數以億計的大樺斑蝶分別在十幾處聚落停腳，牠們將在此度冬。幾億隻色

彩鮮豔的昆蟲應該很容易被人看到，但直到 1970 年代中期以前，大樺斑蝶的冬季家鄉卻一直都是謎。大部分科學家原先猜測這些蝴蝶在熱帶或副熱帶環境度冬，但牠們到底去了哪裡，沒有人知道。

後來在 20 世紀中葉，加拿大昆蟲學家佛瑞德．烏爾卡特（Fred Urquhart）展開了長期而系統性的大樺斑蝶追蹤工作。他徵召志工，在大樺斑蝶個體的翅膀貼上小小的白色標籤，上面寫著「請送回加拿大多倫多博物館」，他就利用這些送回來的標本，在地圖上標示大樺斑蝶的動線。

烏爾卡特有條不紊的苦工，得到了非常驚人的成果。他先是發現大樺斑蝶在北美洲有兩個族群。西部族群生活在落磯山脈以西，在加州中部海岸度冬——最有名的就是位在蒙特利灣的太平洋叢林。東部的族群則大得多，在春天、夏天與早秋時節，在美國的平原區與東區到處可見。但是，這個龐大的東部族群究竟是在哪裡過冬的呢？

烏爾卡特有一隻標記過的大樺斑蝶是在墨西哥發現的，然而一

螳螂（上）可能對大樺斑蝶的毒性免疫，貪婪地把大樺斑蝶給吃了（最上）。
這種毒也不會影響到蜘蛛，牠們很容易就能抓到成蝶（對頁）。

隻蝴蝶能提供的不過只是一條吊人胃口的線索。但烏爾卡特和他太太諾拉還是窮追不捨，他們跑到墨西哥去探訪、並爭取所有人的幫忙，不管是小學生還是業餘的熱心人士。有沒有人看到很多很多的蝴蝶？結果答案都是否定的。然後在 1974 年，一位住在墨西哥市的美籍工程師肯‧布魯格加入了追蹤行動，他騎著摩托車跑進墨西哥市外的山區。他發現安干格歐（Angangueo）這

個小鎮似乎是大樺斑蝶活動的中心，而他的發現吸引了烏爾卡特來到這處高山地區。

1976 年一個酷寒的冬日，他們的吉普車愈爬愈高，偶爾落下的雪花在他們身邊打轉，而三千多公尺的高度更讓他們喘不過氣來。這麼一個鳥不生蛋的地方，真的可能和大樺斑蝶有關係嗎？然後烏爾卡特看到了牠們：「千百萬隻的大樺斑蝶！牠們層層疊疊、緊緊攀在高大的灰綠色歐亞梅爾樹的枝條、樹幹上。牠們飛旋過天空，彷彿秋天的落葉……」牠們是如此密集，「遮蔽了光線」，只有些許日光能照到林地表層，「看起來就像是一張超大的波斯地毯，因為就連地上也覆滿了橘色的大樺斑蝶。」烏爾卡特打開了這個不解之謎。這就是大樺斑蝶度冬的地方。現在要解答的則是牠們為什麼會是在這裡。

墨西哥的森林中，幾百萬隻大樺斑蝶聚集在歐亞梅爾樹上（上）。在春天到來、往北遷徙之前，這些蝴蝶會從樹上下來，開始大規模的交配熱潮（右）。

答案很簡單。墨西哥森林冬天時的溫度，既不太熱也不太冷，剛好適合大樺斑蝶幾個月的休眠。寒冷卻不至於凍僵的溫度能減緩新陳代謝，讓冷血的大樺斑蝶緩慢燃燒牠們儲存的脂肪。冬天那幾個月裡最大的威脅，來自以牠們為食的鳥類，尤其是當牠們醒來去附近小河喝水，避免脫水的時候。

2月中旬，大樺斑蝶變得愈來愈活躍，雄蝶也展開了交配儀式。到了3月，幾百萬隻大樺斑蝶的配對到達狂熱的高峰。然後在早春，成群結隊的大樺斑蝶離開森林，隨著盛行風往東北方飛去，在3月底4月初抵達德州，剛好趕上馬利筋發芽以及第一代的卵成熟。就在馬利筋旗下，這一則跨越世代、長達6400公里的傳奇故事，又再度展開。

但是就和其他許多亙古的大遷徙冒險旅程一樣，大樺斑蝶的遷徙也受到威脅。牠們在墨西哥森林中的冬天家園，正遭受非法伐木和人類入侵的威脅。牠們的幼蟲賴以維生的馬利筋也有危機。基因轉殖玉米的花粉若飄到馬利筋上，會使得以馬利筋為食的幼蟲死亡。而大樺斑蝶比較喜歡的敘利亞馬利筋，在最近幾十年來數量銳減，主因是受農田噴灑除草劑的危害，在美國中西部尤其嚴重。此外，人類的開發也剷除了馬利筋茂盛生長的空曠田野。如今，馬利筋和大樺斑蝶正處於微妙的平衡。

林肯‧布勞爾是全球研究大樺斑蝶的翹楚之一，他擔心東部族群的遷徙會成為「瀕危的生物現象」。幾百萬隻蝴蝶遮天蔽日的壯觀景象，會不會步上旅鴿遷徙的後塵，成為一種絕響？或者，大樺斑蝶的遷徙永遠都將是自然世界中最耀眼的英勇壯舉之一？

遷徙中的大樺斑蝶 暫時停歇在愛荷華州的一株向日葵上（對頁），而另一隻則對著太陽的方向起飛，繼續牠的旅程（最上）。在大樺斑蝶這趟橫跨數千公里的遷徙中，要去到一個牠從未親眼見過的地方，太陽的位置是關鍵的導航工具。昆蟲學家相信，地球磁場可能也有助於大樺斑蝶辨別方位。

數以百萬計的大樺斑蝶從加拿大往南飛了 4000 公里之後，在深秋時分抵達墨西哥南部。

墨西哥密喬康州山區一個不大的區域內，大樺斑蝶緊緊擠在牠們喜歡的歐亞梅爾樹上，準備過冬。

抹香鯨是一種很極端的動物，而且徜徉在一個充滿極端的世界裡。這種碩大無比的生物是世界上最令人敬畏的捕食者，擁有世界上最大的大腦。牠們生活在立體的空間之中，朝垂直方向的移動跟朝水平方向一樣多。牠在大洋中漫遊，前往地球最遙遠的角落。抹香鯨一生大約有四分之三的時間都在深海的暗黑與巨大的水壓中度過，牠們有時甚至會下潛到 3.2 公里深處覓食。在《白鯨記》中賦予抹香鯨不朽地位的赫爾曼・梅爾維爾寫道：「陽光下的頭頂反射著閃光，牠們遨遊在地球的基礎之間。」

大海深幾許

就如同牽動著最小的生物那樣，地球的運行同樣也牽動著這種巨大海洋哺乳動物的活動。每年總有一次，雄抹香鯨會中止牠們孤單的漫遊，前往雌鯨與小鯨群生活的較溫暖水域。從深海幽幽現身的雄鯨，會以一連串緩慢的「喀噠」聲宣布牠們的到來。這些特殊的喀噠聲其實比較像響亮的噹噹聲，雌鯨可能遠在 56 公里外就聽得到。

抹香鯨的喀噠聲是所有動物發出的聲音中最大的，這個聲音從牠龐大的鼻子發出，而牠的鼻子約為體長的四分之一，包圍在充滿蠟質的鯨蠟器周邊。有些喀噠聲的結尾片段是有某種規律的，顯然是鯨魚用來和同類溝通的方法。不過，就像這些動物的許多方面，這些緩慢的喀噠聲仍舊成謎。牠們是在以回聲定位來確認其他鯨魚或船隻的位置嗎？還是用以逼退其他雄性？牠們會發出訊號告訴雌鯨牠們的出現或自身的體型大小？

不管這些喀噠聲的目的為何，雌鯨的確聽到了，而且在看到牠們龐大的身影之前，就能預測牠們的到來。雄鯨體長可達 18 公尺，體重高達 45 公噸，幾乎比雌鯨大了三分之一。儘管雄抹香鯨在《白鯨記》以勇猛聞名，但是有雌鯨與小鯨在身旁，雄抹香鯨就成了百般溫柔的巨人。當雄鯨加入雌鯨與幼鯨群，牠們也成為「極端受關注的焦點」，鯨魚學者強納生・戈登如此形容。「仔鯨、未成年鯨和成年雌鯨似乎都會擠過去靠著成年雄鯨，順著牠們的背打滾。」

年紀愈大，雄鯨愈會孤僻地漫遊，但牠們似乎還蠻歡迎這種一年一度的關注，有時還會用牠們碩大的顎部輕輕咬住小鯨魚。即使是別的雄鯨出現在繁殖區，似乎也不會刺激到牠們的領域

抹香鯨 在海洋深處也活動自如。牠每天有四分之三的時間會潛到 3.2 公里深的大海中覓食。

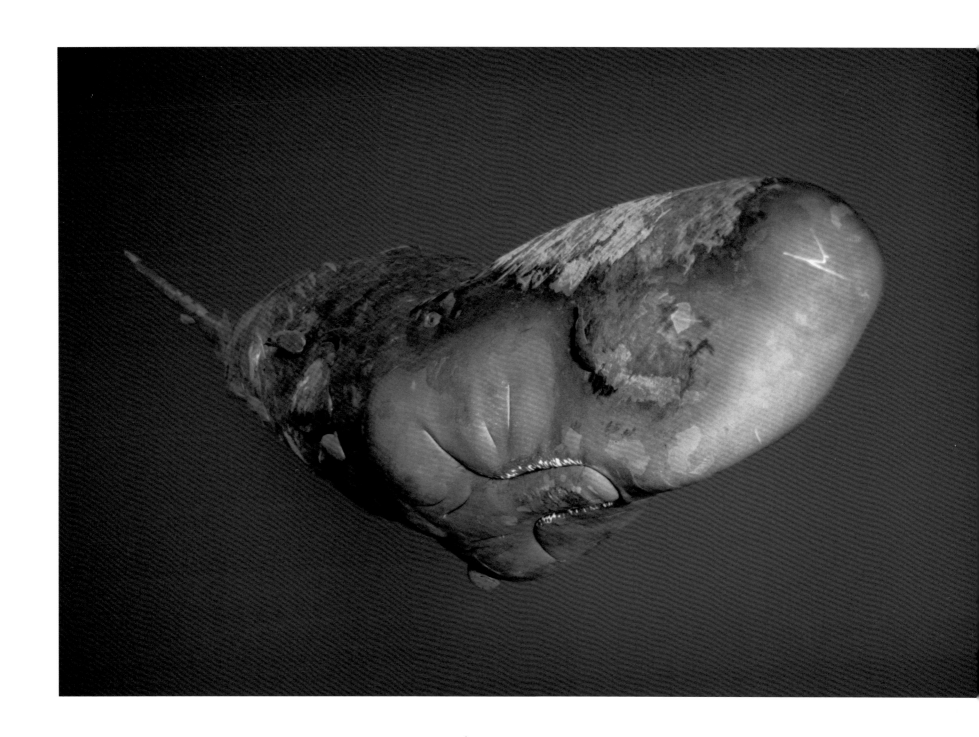

兩頭抹香鯨游到接近海面處，這張照片在墨西哥的加利福尼亞灣上空拍攝。

通常有仔鯨在其中的鯨群，可在多米尼克附近的加勒比海水域找到足夠的食物。 一頭雄鯨（右）在繁殖季期間以口鼻摩擦著雌鯨。

性。即便有來自美國東北部各州捕鯨人的駭人傳聞，但雄抹香鯨間的競爭很少見，就算有也很快結束。較年輕的雄鯨不會在繁殖區起衝突，反而會以身體上的觸碰來打招呼，這在人類眼中看來可算是友好的表示，甚至帶有性暗示意味。

雄性在繁殖區受到的耳鬢廝磨與撫觸，其實在雌鯨和幼鯨來說是日常生活的一部分。牠們生活的世界社交活動頻繁，通常會與其他 20 到 30 頭有母系血緣關係的鯨魚一起巡游。這些「姊妹」、「表姊妹」和「阿姨」在生活中互助，一起覓食、一起分擔育幼的工作，甚至替彼此的仔鯨哺乳。當鯨群中大部分鯨魚潛水覓食的時候，通常會有一頭雌鯨或青少年鯨陪著脆弱的幼鯨留在水面，保護牠們。

過去，捕鯨人是鯨魚最大的威脅，他們獵捕抹香鯨，為的是鯨脂和他們夢寐以求的鯨蠟。不過既然現在捕鯨已遭大幅禁止，抹香鯨唯一真正的敵人只剩虎鯨，也就是殺人鯨。虎鯨跟抹香鯨一樣，雌性是社交頻繁的動物，與有血緣的鯨群一起巡游，而且牠們的捕獵技巧純熟。因為虎鯨有協調良好的攻擊策略，所以可以對付比牠們大得多的鯨魚，然後追捕牠們的幼鯨。抹香鯨本身就是驚人的捕食者，牠們每年吃掉的魚通通加起來，重量相當於全世界漁業捕獲量的總合。每天約有 75% 的時間，這些齒鯨都潛到離海面很深的地方覓食，專門捕獵生活在深海的大烏賊。不

過大多數的日子裡，抹香鯨群每天會花大約四分之一的時間聚在水面上，摩擦口鼻、觸碰身體，一般是在進行社交。雌抹香鯨繁殖速度緩慢，每 4 到 12 年才生產一次。每頭新生的仔鯨都是種族存續的關鍵，而在仔鯨漫長的童年裡，雌鯨對牠們呵護備至。當雄鯨長到 10 歲大左右，就會離開鯨群，不過年輕的雌鯨則會留在牠們出生的溫帶海洋盆地，成為彼此相繫、共同養育下一代的社會群體的一分子。

雄抹香鯨有時會獨自前往北極或南極的寒冷水域，有時也會和血緣關係不近的單身雄鯨群一起巡游。不過等牠們年紀漸長，就會變成獨行的旅人，每年獨自巡游數千公里，在牠們長達 50 到 60 年的生命中，大約可以在地球各個海洋中穿行 160 萬公里。不過等到時間對了，牠們又會朝著較溫暖的水域，以及維繫物種存續的雌鯨游去。

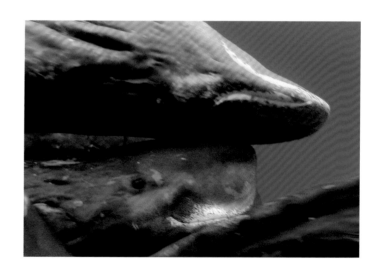

一頭抹香鯨仔鯨緊緊跟著媽媽（左上與上），10 歲之前牠可能都不會獨立。雌鯨與其幼鯨潛水覓食之後，聚集在水面（對頁）。

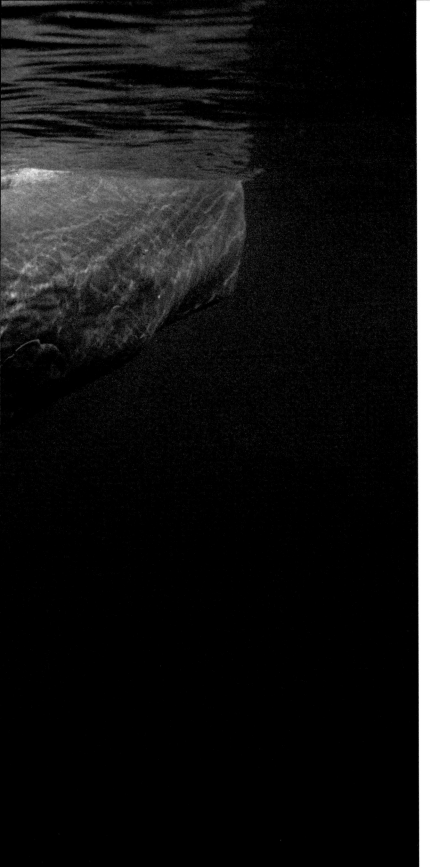

海洋中到底棲息了多少抹香鯨仍屬未知。不過這個數量想必比 1987 年停止商業捕鯨的時候更多。在那之前幾十年，機械化船隻集中力量專門對付大型雄鯨，因為牠們身上珍貴的鯨蠟量比較多。由於造訪繁殖區的成年雄鯨變少了，抹香鯨數量也跟著減少，因此使這些巨大的深海潛水動物也被視為易受危害的物種。捕鯨禁令發布至今數十年，抹香鯨族群量漸漸回復，而用來追蹤牠們的科技、以及研究技術，也都有了快速的發展。

一直到最近 30 年，學者才開始以有系統的方法在牠們的棲地中研究這種神龍見首不見尾的動物。一些投入研究的鯨豚類學者，在這些鯨類巡游於大洋時，致力於追蹤、了解牠們。除了第一手的觀察、照片的辨識外，這些科學家還依賴無線電發射器追蹤這些鯨魚的動向，並利用水下麥克風記錄牠們的喀噠溝通聲音。即使如此，抹香鯨的世界還是有很多謎團。不過，有個好消息，如今在大海中悠游的抹香鯨可能超過 100 萬頭，一如梅爾維爾所想像的，「遨遊於地球的基礎之間。」

白色抹香鯨（左）非常罕見，像這頭和母親一起巡游的可能是白子。
一頭雄抹香鯨的亞成體潛入北方寒冷的水域時的英姿（上）。

繁衍的需求

「生命繁衍是件多奇怪的事啊!」詩人拜倫曾如此嗟嘆。然而,繁衍的需求卻是生命之所以能存在的唯一精髓。繁殖季節能把父母變成戰士,把競爭對手變成殺手。不過到頭來,這終究是對生命的終極禮讚。這項禮讚可能會牽涉到家族大團聚,就像南半球福克蘭群島年年上演的故事:**象鼻海豹**、**信天翁** 和 **企鵝**,為了每年一度的繁殖之舞,全都回來團聚。而在北半球,**太平洋鮭** 游過茫茫大海,回到

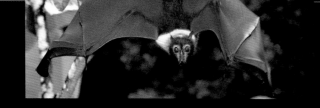

NEED TO
BREED

牠們出生的阿拉斯加小溪，就為了牠們的最後一個任務，也就是一輩子只有一次的繁殖，
然後死去。越過非洲東部的平原，近百萬頭的 **白耳水羚**，群集在牠們的繁殖地，
雄性以激烈打鬥，捍衛自己的交配地盤。而在哥斯大黎加的森林裡，千萬隻 **軍蟻** 日
夜不停勞碌，都是為著自己的聚落和蟻后的需求。牠們不斷奔忙的遷徙腳步，完全要配
合蟻后生育的節奏，以及整個群體的繁殖需求。

福克蘭群島剛好位在極區之外，受無情的海風與洋流圍繞。但年復一年，這些風與海流也會為此處帶來世界上少有的蓬勃生命。當南半球的春天降臨在這些位於南極圈外的群島，而且又是陽光普照時，這些島嶼的海岸就因為聲音與動作而騷動著，這是繁衍、生育的禮讚，也是為生存而投入賭注。形勢其實對牠們不利，但牠們還是來了──象鼻海豹、跳岩企鵝，和黑眉信天翁，為的都是這一年一度、延續生命的典禮而來。

族群大會師

每年 9 月，第一批跳岩企鵝登上了福克蘭群島的海灘。牠們踩著準確的腳步，跳上高出海面的崎嶇懸崖，尋覓一小塊曾是牠們去年築巢地點的小平台。有半年時間，牠們各自悠游於南冰洋，也就是環繞南極洲周圍的海域。現在雄企鵝和雌企鵝在築巢地點聚首了；有些企鵝配偶已經在一起好多年，有些甚至是一輩子都在一起。隨著愈來愈多跳岩企鵝回到聚落、回到築巢的地方，數千隻鳥兒急躁尖銳的叫聲，迴盪在懸崖上。

這些懸崖並不歸牠們獨享。幾千隻黑眉信天翁也擠了進來。密切注意這個季節性團聚活動的，則是整年都住在福克蘭群島的條紋卡拉鷹，當地人把牠們叫做「強尼禿鼻鴉」（Johnny Rook）。為了等這些獵物回來，牠們已經盼了漫長的整個冬天，還把自己的繁殖時間調整到配合這年度的大團圓。牠們甚至將自己的巢

安置在跳岩企鵝與信天翁的聚落邊緣，等著蛋和雛鳥出現。等待之餘，牠們偶爾也會往海邊俯衝，去啄去拉扯同樣來尋找伴侶的象鼻海豹的皮。跳岩企鵝滿懷熱情迎接牠們的伴侶歸來，雄企鵝長著冠毛的頭左右搖擺有時還把頭仰起。牠們驕傲地將口喙指向天空，並把交配的呼喚送入風中。伴侶們用喙梳理著彼此的頭部與喉部，並在築巢地點丟下一些石頭與植物。這裡就是牠們將要交配的地方，交尾通常要做好幾次，雄企鵝會站在俯臥的雌企鵝身上。結束之後等待大約一個星期，雌企鵝產下第一顆蛋。但第一顆蛋通常只有 60% 的機會能孵出健康的雛鳥。接下來雌企鵝會再生下第二顆比較大、也比較可能發育的蛋。

之後大約五個星期，企鵝夫妻會輪流孵蛋。頭兩週，牠們輪流坐在巢上，讓彼此能放鬆一下，這樣牠們倆都能到海中覓食。

條紋卡拉鷹 是兇猛的隼科鳥類，福克蘭群島居民叫牠們「強尼禿鼻鴉」，牠們正在等待最喜愛的獵物每年一次的現身，也就是跳岩企鵝的雛鳥和蛋。

跳岩企鵝 在南冰洋中悠游了好幾個月之後，來到福克蘭群島的岸邊準備繁殖。

要抵達大規模築巢聚落的高地，牠們必須爬上陡峭的懸崖。對這種似乎根本不適合攀岩的鳥類來說，可真是一大壯舉。

接著雌企鵝獨自接手所有的責任，雄企鵝則到大海裡覓食。等到雌企鵝的臥巢任務結束，她已經飢腸轆轆，準備回到大海去替自己好好補一補。最後兩週，雄企鵝又成了這一顆或是兩顆企鵝蛋的守護者，如果兩顆蛋都還有生命的話。

跳岩企鵝的體重約 3 公斤，是企鵝家族中較小型的成員，不過牠們很勇敢，準備抵禦所有入侵牠們地盤的外來客。在雄企鵝和雌企鵝交接孵蛋任務的時候，卡拉鷹虎視眈眈，想趁機混水摸魚，看能不能抓到一顆從巢裡掉出來的蛋。強尼禿鼻鴉的腳程相當快，牠們帶著戰利品跑回自己在附近的巢，為自己的雛鳥帶來一頓豐盛的大餐。

這些聰明的捕食者屬於隼科，根據一位在 1812 年拜訪福克蘭群島的南土克特海豹獵人的說法，牠們「兼具老鷹與烏鴉的外型和習性。」他把牠們稱為「會飛的魔鬼」和「長翅膀的海盜」。強尼禿鼻鴉只有這裡和合恩角附近的幾個小島才有，牠們的確是聰明的投機客。牠們不得不如此。從某種層面來看，牠們才是這個嚴酷的世界裡最有辦法生存的。

1970 年之前的幾十年間，政府對這種動物下了格殺令，因為牠們是當地綿羊主人的眼中釘，牠們會攻擊小羊，甚至偷走農場裡的東西。如果有戰利品可拿，這些鳥中的海盜就有辦法

跳岩企鵝（左）在繁殖季開始時，便集中在福克蘭群島上。
而這個時候，桑德斯島上的跳岩企鵝（上）已經在照顧新一代的鳥蛋了。
次頁：跳岩企鵝散布在牠們廣闊的營巢區域上。

拿到手。在福克蘭的春天，所謂戰利品就是跳岩企鵝和黑眉信天翁的蛋和雛鳥。

對那些終於把小鳥孵出來的跳岩企鵝來說，孵化是勝利的一刻。牠們當成寶貝呵護的蛋，會在一兩天的時間裡慢慢裂開，雛鳥冒了出來。接下來兩到三天，父母會守護著牠，都不會離巢太遠。強尼禿鼻鴉還在附近，牠們的黃眼睛掃視著岩石聚落裡幾千隻的鳥兒，希望發現一隻沒人照顧或是虛弱的雛鳥、甚至是虛弱的成鳥。

跳岩企鵝蛋孵化後幾天，企鵝媽媽開始短暫游進大海覓食。漸漸地，她去的地方愈來愈遠，她潛入大海尋找磷蝦來餵飽她的寶寶。她會在下午回來，跳上懸崖，把獵物反芻到巢中。在此同時，雄跳岩企鵝則負責站崗，不讓雛鳥離開視線。

幾週之後，小跳岩企鵝已經跟父母一樣大、甚至更大。現在父母可以放心去海中覓食一陣子，把小孩留在家裡不覺得有什麼

問題。當父母離開的時候，小企鵝們就擠在「托兒所」裡，牠們憑本能就知道數量多才安全。雛鳥一旦換上成鳥的羽毛，就準備好伸展翅膀、學習如何滑過冰冷卻有豐盛食物的海洋。

鳥類在年度繁殖期中占據了福克蘭群島的高處，象鼻海豹則占領浪花盡頭的海岸。第一批雄海豹在 9 月開始抵達——牠們把自己體重達 3.6 公噸、體長達 4.6 公尺的龐大身軀拖上海灘，等待雌海豹到來。雌海豹會在接下來幾週內抵達，每年都和前個繁殖季一樣，回到同一個海灘。不過在牠們上岸交配之前還是會持續覓食。牠們可以潛到 600 公尺深處，吃烏賊和深海魚類來增加脂肪。一旦上了岸，牠們就沒時間吃東西了。到時候牠們會為了應付來自四面八方的各種需求忙到不可開交。

這時候，第一批抵達的雄海豹很快就用盡了精力，因為必須在更多雄海豹上岸的時候，捍衛自己在海灘上的領域。早到的雄海豹犯了一個錯誤：等到雌海豹出現的時候，這些雄海豹早就筋疲力竭，累得沒辦法捍衛自己的領域或雌海豹了。牠們會被擠到妻群的邊緣。

雌海豹比雄海豹和氣多了，一群一群擠在海灘上，大夥兒和平相處，但並不會真的觸碰到彼此——要是不小心碰了一下，可能就要招來齜牙怒吼。愈來愈多雌海豹爬上了岸，直到好幾千隻海豹把海岸線染上顏色，看起來彷彿龐大的岩石一般。

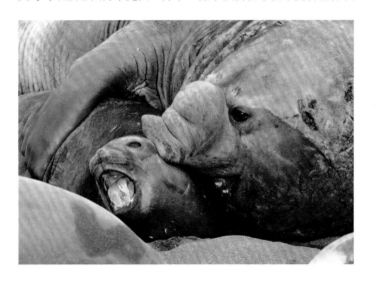

這頭重達 3.6 公噸的南方象鼻海豹（對頁）抵達福克蘭群島準備繁殖，不過牠要先在海邊休息休息。
小象鼻海豹會得到媽媽慈愛的照料（右最上）。 雌海豹則不一定能得到海象群中雄海豹的溫柔相待（上左）。

當雄海豹彼此咆哮、挑戰、衝撞，建立自己灘頭老大的資格時，雌海豹也有自己的緊急要務。牠們這一整年都懷著身孕，是前一年在這個海灘上受孕的。一旦登上乾燥陸地，牠們就會生下全身覆滿茸茸黑毛的小海豹。萬頭鑽動的福克蘭海灘，對新生的小海豹來說是個危險的地方。約有 20% 到 30% 的小海豹無法存活，許多小海豹會在愈來愈混亂的騷動中被踩死。

前三個星期，海豹媽媽會花很多時間哺乳，以營養豐富無比的乳汁讓寶寶成長茁壯，此時增加的脂肪，至少可以供給牠接下來兩個月的需求，讓牠在這段時間內學著自己覓食。在生產之後 20 天，這些雌海豹開始發情，她的注意力也從發揮母性轉移到交配上。

雄海豹一直在注意觀察，很快就有一隻靠過來——有時是優勢的灘頭老大，有時是另一隻雄海豹。這是幾千公斤的動物發動的性攻擊，雄海豹在交配時會用牙齒咬住她的脖子。雌海豹的嗚咽聲可能會引起灘頭老大的注意，如果他剛好沒在忙著辦事。牠會衝過去重新奪回自己的所有權，用那巨大的象鼻（又大又長的鼻子，也是牠們命名的由來）發出咆哮。這招也許足以趕跑對手，如果不行，雄海豹也隨時準備大打出手。牠們左閃右避彷彿相撲選手。牠們擊打脖子、露出牙齒。刺傷處流出來的血很快便染黑了牠們的肩膀和

在抵達海灘之後，雄象鼻海豹（上）很快就準備為自己的領土和配偶大打一架。咆哮的雄海豹重達 3.6 公噸，體長達 4.5 公尺，牠們可不只是虛張聲勢而已（右）。牠們之間的打鬥通常殘忍血腥，對手可能身受重傷。最後的勝利者能成為「灘頭老大」。

脖子，直到最後產生優勝者——通常是灘頭老大。優勢雄性這個角色實在太累人，很難維持許多季，不過就算只扮演一季，灘頭老大仍舊可以把牠的基因傳給多達 80 頭雌海豹，而運氣不好的雄海豹可能連交配的機會都沒有。

交配一旦完成，已經受孕的母海豹就會把小海豹和福克蘭群島拋在腦後。消瘦而亟需覓食的母海豹返回了深深大海。虛脫的灘頭老大很快也會離開。不過等到明年，當回暖的春風再次降臨極地，牠們全都會再度聚集在同一片海灘上。

黑眉信天翁和企鵝共同使用福克蘭群島沿岸懸崖，但海豹和跳岩企鵝的的繁殖和生育週期比黑眉信天翁快。這些島嶼是世界上少數幾個有這種壯觀的、在海上漫遊的信天翁著陸之處，每年春天，都會看見牠們俯衝而下，以幾近倒栽蔥的笨拙方式著陸。牠們是終極的飛翔機器，全身就像是為了御風而生，可以善用海洋上的氣流，盡情地翱翔，幾乎不用拍一下翅膀。

「這些信天翁是我看過的海鳥裡面最大的一種，」水手彼得‧孟迪在 1638 年寫下，「展翼將近有六到七呎（213 公分），牠們懶洋洋地低翔在水邊的時候，彷彿是動也不動。」

信天翁的雙翼長度驚人但非常窄，那是利用海面吹拂不絕的海風的完美結構。牠們這種高高低低的飛行方式，可以達到時速 100 公里，而不必消耗多少能量。起飛和降落才真的要花力氣。

黑眉信天翁則是信天翁科鳥類中體型最小、數量最多的種類之一，這種鳥有近半數都選擇福克蘭群島作為繁殖基地。9 月初牠們開始陸續抵達，就像跳岩企鵝一樣黑眉信天翁也會回到前一年使用的同一個巢位，和自己的配偶團聚。

黑眉信天翁的巢比跳岩企鵝簡單的巢用心多了，圓柱形的信天翁巢是牠們用挖出來的泥炭或泥土建造的。年復一年，信天翁夫婦會翻新或修理牠們的巢。牠們也像跳岩企鵝一樣，在自己的巢裡交配，但是要等到六個星期後，牠們才會生下珍貴的蛋。這段期間，雄鳥不會離巢太遠，雌鳥則一邊等待體內的蛋成熟，一邊繼續她的海上翱翔。她為了找食物，很可能會離開福克蘭群島幾百公里。

等到該下蛋時，雌鳥就會返回鳥巢。還要再花上 10 週的時間小心孵蛋，雙親輪流耐心坐在巢上。孵化的過程也很花時間，長達四天。最後雛鳥終於破殼，親鳥更加戒慎恐懼，牠們知道強尼禿鼻鴉仍舊虎視眈眈，隨時準備攻擊聚落，劫走毫無戒心的雛鳥。

黑眉信天翁度冬的地點可能在遠離福克蘭群島的南非，但回到福克蘭會自成一個聚落，配對的鳥兒互相梳理彼此頸部的羽毛（對頁）。雛鳥不一定能存活，強尼禿鼻鴉準備俯衝獵殺（左最上），而有許多雛鳥成了另一種動物的大餐（上）。

這些定期造訪的遊子有更多無法再回到福克蘭群島。對跳岩企鵝來說，最大的危險原本來自海豹獵人，他們獵殺企鵝是為了脂肪和外皮。這種威脅幾乎在一個世紀前已經消失，但最近跳岩企鵝的數量卻大幅滑落，近 30 年來已經減少 30%。海上漏油是原因之一，而商業捕魚更撈走了牠們賴以維生的食物，不過牠們族群的衰退或許還有其他未知的原因。

信天翁的命運似乎在英國詩人柯立芝的〈古舟子詠〉（Rime of the Ancient Mariner）得到預言。在這首詩中，信天翁「……食未曾食之食／盤啊旋啊牠飛翔……／而日復一日，覓食或尋樂，／因水手的呼喚而來。」最後，這位水手射殺了信天翁。

信天翁碰到現代水手，大概也難逃一劫。這種大海鳥死傷慘重，就算不是這些水手親自下手，也是因為他們採用的作法而受害。這些鳥會投機地跟著延繩釣漁船和拖網漁船，撿食掉在後面的食物。當牠們吞食延繩釣鉤上的餌，通常會被鉤住，因而淹死。

不過最近仍有比較正面的徵兆，顯示信天翁正在逐漸恢復。未來幾十年內，每年春天也許不只幾千隻、而是像過去那樣幾百萬隻鳥兒都回到福克蘭群島，如此一來，繁衍、誕生、捕食與存活的生命循環就能延續下去。

接下來三個星期，其中一隻親鳥或兩隻親鳥會照顧雛鳥。然後，牠們就回到真正屬於牠們的環境——天空中。通常牠們飛向北方，沿著南美洲海岸覓食，然後定期帶著食物回到巢和雛鳥身邊。這對鳥兒在福克蘭群島團聚已有六個月，風開始捎來秋天的訊息——也預告著這群黑眉毛的幼鳥飛上天空的時候到了。當牠們終於升空，這將是一趟漫長的旅程。未來十年，牠們將御風翱翔，氣流會帶著牠們在南半球的海洋中漂泊，深入南美與南非的緯度。

到了冬天，聚落所在的懸崖只剩一片死寂，散落著沒能長大或被條紋卡拉鷹吃掉的幼雛屍體。條紋卡拉鷹的幼雛現在已經羽翼豐滿，正在磨練自己的求生技巧。牠們在荒廢的聚落閒晃，希望能撿到一點剩下的東西吃。牠們有許多都沒辦法度過眼前的漫漫長冬。

漂泊信天翁（對頁）比黑眉信天翁大很多，牠們正在演出求偶儀式。
這隻黑眉信天翁（上左與右）剛學會飛，準備告別了安穩的土地，朝著未來覓食的大海飛去。

信天翁是南冰洋強風中的高空特技專家，牠們修長的雙翼有著優異的空氣動力學設計，以善加運用氣候。

一隻被光線籠罩的黑信天翁翱翔在南喬治亞島上空，牠們遠離高聳的懸崖頂端，在這個島上的空曠地區築巢。

軍蟻憑藉著莫測高深的本能行動，牠們忙碌的聚落有 50 萬到 200 萬隻蟻，但卻非常協調，運作如此順暢，如同一個生物體千千萬萬的細胞。牠們幾乎全是雌性，具有血緣相繫的姊妹關係，而就像其他所有動物一樣，牠們也受同樣的驅力所左右——要讓年輕一代存活繁衍。這種驅力使牠們成為恐怖的捕食者，只要是擋住牠們去路的幾乎無所不吃。就像所有軍隊，牠們蹂躪營地附近的土地。然後繼續前進。

移動的盛宴

當第一縷陽光照到這些螞蟻在中美洲雨林深處的蟻體巢時，整個聚落也開始忙亂了起來。前一天深夜，約在午夜時分，工蟻牽起彼此的爪子，以自己的身體製造鏈結與群組，組成了這個臨時的野外營帳。這會兒，雖然牠們看不見，不過螞蟻能感覺到晨光，於是牠們開始把這個蟻巢解體，並著手開始工作——整天汲汲地搜尋食物，以餵養聚落中數以千計的成員。特別是那些還沒成熟的。

工蟻小型與中型的成員會率先出發作為斥候，從錘腹釋放出費洛蒙留下一道痕跡。牠們來回留下蹤跡，讓其他成員可以跟上。散開在牠們後方的，是聚落中其他的軍蟻，牠們爭先恐後往前衝，搜尋獵物，急著找到食物。不過沒有螞蟻會離群太遠——據昆蟲學家威廉·葛沃德解釋，牠們似乎是「被這些化學痕跡所框梏，只會如奴隸般跟隨。」

每個軍蟻聚落的關鍵就是外形圓胖、母儀天下的蟻后，她的體型也比她不能生育的臣民來得大。當其他螞蟻在工作的時候，她留在巢中，每隔一段時間便進行她的主要工作——產卵，而且是一次幾千顆。這會兒，蟻群已經出發進行從清晨到黃昏的覓食工作，蟻后則和發育中的幼蟲留在蟻體巢。

大軍的周圍是兵蟻，有帶鉤的下頜和螫，牠們負責守衛側翼。當蟻群往前推進，其他昆蟲、甚至小型動物紛紛急著躲開，不敢擋住牠們的路，整個森林簡直沸騰了起來。螞蟻大軍的跟隨者，蟻鳥和蟻鵙，出聲昭告軍蟻的到來。不過螞蟻又聾又瞎，根本察覺不到聲音。這些鳥是投機分子，吃的是被螞蟻大軍嚇走的昆蟲和其它節肢動物。而跟在這群雜牌軍後面的，是吸食鳥類糞便的蝴蝶。

這些螞蟻毫不留情。牠們向前推進的隊形略呈橢圓狀，可以有 15 公尺寬，每個螞蟻呈縱隊前進時，偶爾也會略為往左或往右，但仍維持形狀與功能。有些縱隊掃過落葉，其他則會爬上樹。如果碰到裂縫或障礙，牠們立刻本能地連在一起，以身軀搭起橋梁，讓後面的螞蟻可以安全跨越，使牠們的劫掠行動不致停頓或減緩。

軍蟻 全幅武裝，牠那銳利的大顎，與頭部相比真是大得出奇。想想看一個有 200 萬隻這種螞蟻的聚落能造成多大的傷害。

數十萬隻的軍蟻生活在巴拿馬主權國家公園豐茂的熱帶森林中。

有著龐然大顎的工蟻守衛著臨時庫房的入口。螞蟻把劫掠到的獵物暫時放置在這裡，稍後才會帶回巢去。

捕鳥蛛、蠍子、蚱蜢、黃蜂，甚至爬蟲類和小型鳥類都不是蟻群的對手。牠們依靠嗅覺與動作的感測來狩獵，憑直覺奔向任何移動的東西。覓食的工蟻下手準確，就算獵物的體型是牠們百倍大，仍然毫不遲疑地螫刺獵物或使獵物窒息。然後兵蟻趕上來用牠們的大顎肢解獵物，因為牠們的大顎長著一排鋒銳的牙齒。一旦獵物被拆解成方便處理的大小，長腿的搬運蟻便挑起整個聚落的擔子，把這些肢解過的餐點帶回蟻體巢。平均一次狩獵行動，牠們可以將多達 3 萬片的獵物碎片帶回營地。

即使黃昏降臨森林，這些螞蟻的工作仍未完成。在牠們的一天結束前，牠們還要把幼蟲搬到一個新的蟻體巢，沿著前一天舖設好的蟻徑，來到距離昨天紮營地約 90 公尺遠的地方。等這件事完成後，蟻后就會出現，四周圍繞著她的工蟻與兵蟻。到了午夜時分，她的聚落已經在新的蟻體巢安頓好了，而工蟻和兵蟻再度以爪子勾著爪子，用自己的身體構築一張保護網。德國人把軍蟻稱為 Wandermeisen（wander 意為漫遊）但其實牠們的漫遊非常有章法。

牠們會漫遊兩到三週的時間，每天晚上都移動到新的蟻體巢。然後，約有三週時間，牠們會比較安定，停留在同一個蟻體巢，白天外出覓食劫掠。牠們和大部分動物不一樣，整個遷徙行為跟季節性的訊息一點關係也沒有，並不依照像是太陽的移動、濕季或乾季，或是其他的外在力量。螞蟻聚落似乎創造了自己的遷徙步調，而這種步調和蟻后的生殖週期，以及幼蟲的發展階段有關。

每次的遊牧階段要結束時，幼蟲不再瘋狂進食，而開始結繭了。每天忙著覓食、帶食物回蟻體巢、每晚搬遷聚落的工蟻，仍舊繼續執行設定好的動作，不過現在蟻后的食量比平常高，她要替自己增加脂肪，體內的受精卵也開始加速成熟。

這趟漫遊該畫上句點了。聚落也安定下來。工蟻再度背起重擔，這次的繭已經快要羽化，而工蟻朝著過去用過的半永久蟻體巢前進，位置可能在中空的倒木。蟻后和她的侍從循著帶有賀爾蒙的小徑來到新地點，大約一個星期後，她開始產下一批新的卵，數量介於 10 萬到 30 萬之間。

一大群貪得無厭的軍蟻（對頁）蓋滿了中美洲雨林中的落葉層。 成功出擊的螞蟻正在吃一隻蚱蜢（上）。

在一波突然爆發的繁殖中，這些卵孵化成幼蟲。幾天之後，蛹也羽化了，新一代的「童工」出世了。一開始，牠們體力弱、色彩淡，但仍然被「阿姨」們視為能協助聚落存活的新一批工蟻。

有長達三週的時間，聚落會停留在同一個地方，而工蟻、兵蟻與搬運蟻每日都會出外覓食，找食物帶回營地。到了此時，牠們已經把周遭森林中的資源都消耗殆盡，既然有了新的童工能派上用場，就該前往更豐美的地方，至少也要去森林中獵物還沒被耗盡的地方。

隨著工蟻準備再度進入遷徙階段，整個聚落又開始狂亂的活動。工蟻白天覓食，每到了晚上就把整窩的幼蟲和蟻后搬到另一個新的蟻體巢。然後，短短幾小時的休息之後，牠們又上路了，橫掃整片森林找尋食物。每年一次，在乾季的早期，正常的繁殖週期會改變，而產卵與幼蟲發育的長期節奏也被打破，因為聚落生活增添了一個新的章節。蟻后準備產下一年一窩的有性後代。她每年會從未受精卵產生一小群關鍵性的雄蟻，並從受精卵中產生幾隻新蟻后。

當新蟻后從蛹中羽化，工蟻便圍擠到她們身邊，幾天之後，雄蟻也化蛹了。聚落中即將發生驚天動地的改變。當遷徙再度開始的時候，工蟻們分家了，從營地拉出了兩條散發著費洛蒙氣味的小徑。新蟻后們和一批隨從會挑其中一條，原本的蟻后則走另外一條。整個聚落一分為二，儘管看起來像是塵埃落定，但蟻后

們其實命運未卜，年輕蟻后中只有一隻能活著到達新的蟻體巢。

老蟻后會延續她至高無上的權力，統治著分裂後剩下的蟻窩，直到她失去魅力或效用為止。靠著她才能維繫部落的完整，如果因為她太老而影響到這種力量的話，她的臣民可毫不留情。牠們會阻止她去到新的蟻體巢，並讓一隻新蟻后取代她的地位。

雄蟻也會被阿姨們趕出去，也許這是保持基因庫健康的本能方式。雄蟻和雌性親戚不同，他們有眼睛，也能飛翔。牠們只有一到兩個星期的時間能活，畢生也只為了一件事——和一隻蟻后交配。按照社會生物學家 E. O. 威爾森的說法，雄蟻根本就是「會飛的精子販賣機」。為了完成牠們畢生的任務，雄蟻必須找到出生聚落以外的蟻群，而牠們一旦找到了，就要設法越過守門員，也就是簇擁在蟻后身邊的工蟻。仗著自己個子大、精力旺盛，好讓工蟻有良好印象，然後再達到目的。聚落會循

軍蟻在熱帶森林 中的小徑上巡邏（上左與上右）。螞蟻劫掠殺人蜂的蜂巢時，殺人蜂根本不是這些強盜的對手（對頁）。次頁：軍蟻梳理一隻較大的螞蟻（左）。軍蟻爪爪相扣，形成暫時性的蟻體巢（右）。

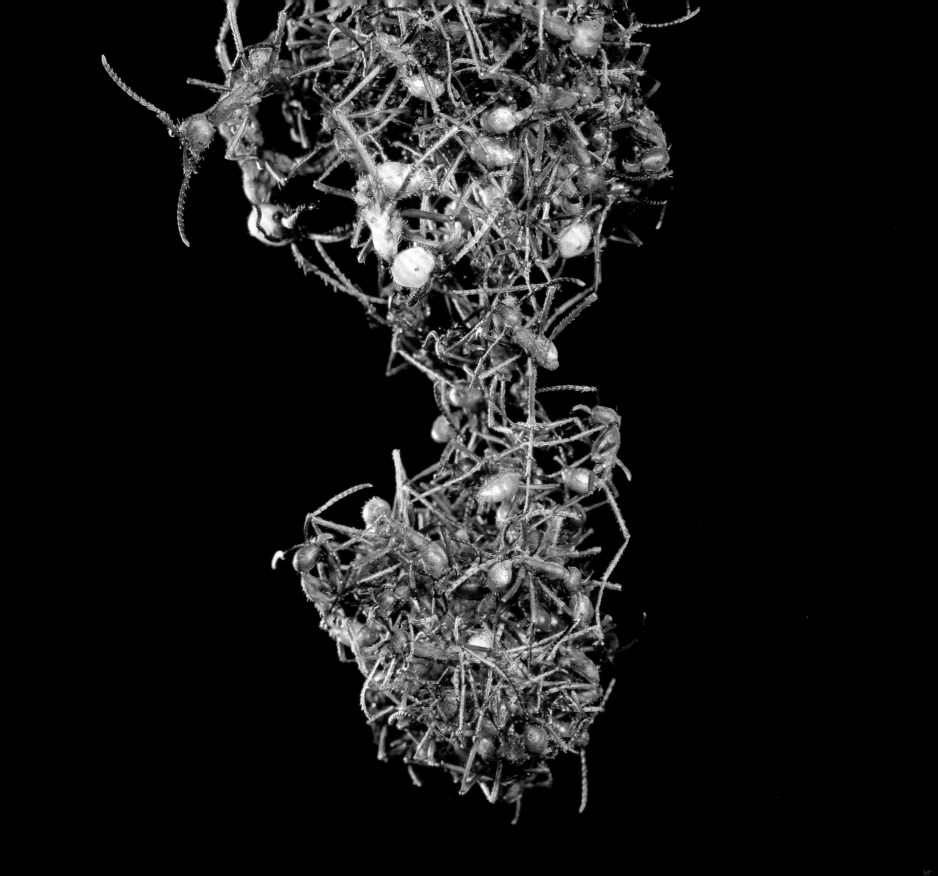

本能選擇「最好的」雄蟻來創造聚落的子孫。只有少數雄性會被允許留下來交配，貢獻基因。

一如以往，整個聚落萬眾一心，受到集體的需求所規範，而非依照任何個體的需求。要讓這個超級個體般的聚落正常運作，每隻螞蟻都各司其職，不管是照顧幼蟲還是覓食。這種高度發展的社會制度來自漫長的演化，一直可以追溯到白堊紀時代，比我們發現人類化石的年代還要早很多。

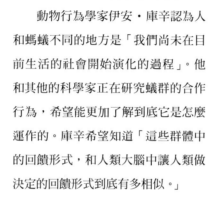

動物行為學家伊安・庫辛認為人和螞蟻不同的地方是「我們尚未在目前生活的社會開始演化的過程」。他和其他的科學家正在研究蟻群的合作行為，希望能更加了解到底它是怎麼運作的。庫辛希望知道「這些群體中的回饋形式，和人類大腦中讓人類做決定的回饋形式到底有多相似。」

「這些神奇的小生物已經在地球上生存了超過 1 億 4000 萬年，」生物學家威爾森說，他非常崇拜螞蟻。他把軍蟻這種複雜的社會組織排名在「地球上最棒的動物奇觀」之一，還說「螞蟻早就比恐龍存活更長的時間，如果我們生存有危機的話，也會輕易超過我們。」

當清晨的陽光照亮了林地表層，螞蟻也將再度動身，這是一支勁旅，依照化學設定來攻擊、進食、防禦，並維持牠們的聚落——那賦予牠們目標與生命的巨大有機體。

游牧的軍蟻 在晚上會遷移到一個新地點（上）。
工蟻的責任包括在遷徙的時候帶著變為成蟲之前的蛹（右）。

戰爭的餘波中，你以為只能看見焦土，不期待能找到大家都以為早已消失的自然奇觀，也不指望還能重新發現地球上最壯盛的遷徙奇景之一。但事實擺在眼前，大約 130 萬頭白耳水羚、粗角黑面狷羚（tiang）、蒙哥拉瞪羚（mongalla gazelle）散布在這塊土地。幾年前，連天烽火似乎將無邊無際的稀樹草原的生命力給榨乾了。然而，創造新生命的渴望遠遠凌駕於戰爭與毀滅的絕望。

生命的出路

「我從沒看過數量這麼多的野生動物，就連在賽倫蓋蒂的大遷徙也沒有，」麥可・費伊這麼說。2007 年，費伊和保羅・艾爾坎為「美國野生動物保育協會」，飛過地球上這個飽受戰火蹂躪的角落，執行南蘇丹的國家公園野生動物空中調查。此處打了 15 年的仗，戰爭才剛結束沒幾年，科學家也不知道自己能發現什麼。這片地區最後一次空中調查已經是 30 年前的事。但經過 150 小時、調查了位於波馬和蘇丹南部 15 萬平方公里的公園後，他們知道自己簡直像中了樂透，發現作夢都想不到的東西。費伊說，那就「像找到了野生動物版的鐵達尼號。」

他們數了大約 80 萬頭的白耳水羚，這是一種原本以為數量持續減少的羚羊，另外還有粗角黑面狷羚和蒙哥拉瞪羚。在隨後的飛行中，他們又看到了長角劍羚，原本還以為這種劍羚羊已經在南蘇丹滅絕了。他們還數到了將近 4000 頭的大角驢羚——這是一種只

有在這個地區發現的羚羊，牠們在蘇丹南部的蘇德沼澤裡吃草。在蘇德沼澤東邊的林地裡，調查隊伍還看見了幾千頭大象的蹤跡。

蘇德沼澤是全世界最大的濕地之一，隨著白尼羅河季節性的氾濫而蔓延。這是南蘇丹溼漉漉的天然邊界，攔住了入侵者、盜獵者和幾乎所有想要覬覦這個區域的外人。幾個世紀以來，丁卡人、穆爾人和其他原住民族都在蘇德豐美的草地上放養牛隻，但這一切都在 1980 年代早期終止，因為他們的牛隻和村莊都被大舉消滅，而內戰也讓他們許多人淪為長期的難民。然而這些遷徙動物，包括羚羊、瞪羚和劍羚，卻在戰爭中逃過一劫。儘管情勢混亂，牠們顯然仍舊興盛繁衍。

白耳水羚是此處的主宰，成千上萬頭成排走過疏林草原，據費伊的說法，他們的路徑「就像矛蟻走過濃密草地的路徑，全都以瘋狂的步調往北走。」這些羚羊幾乎永遠都在遷徙，一年可以

優雅的白耳水羚 原本被認為數量正在減少，結果在 2007 年對蘇丹南部進行野生動物空中調查時，發現 80 萬頭，數量之多難以想像。

超大群的白耳水羚穿越南蘇丹的平原，追蹤著雨季的水氣與青草。

這一切實在來得太快，青草開始枯黃，水羚群只好跟隨雨水，前往疏林草原上新生的草地。

走好幾百公里。到了 11 月，無情的太陽在赤道的乾季把牠們在南邊繁殖地的水源曬成了泥漿，而泥漿又成了幼羚羊的陷阱。該是啟程的時候了。

野火的驅趕以及賀爾蒙的召喚都將牠們推向前。牠們朝著白尼羅河東岸的繁殖區前進，那裡就在蘇丹—衣索比亞邊界附近。這是波馬—瓊萊（Boma-Jonglei）地區，約和美國紐約州一樣大，具有東非最大、最完整的疏林草原生態系。

波馬國家公園中，河流與沼澤網絡縱橫交錯，使水得以滲入水羚啃食的草原。這裡肥沃的「黑棉土」，叢生著不斷抽出富含蛋白質嫩芽的疏林草原禾草。在燠熱的白天，水羚躲在相思樹林的陰影下，但到了晚上，牠們又回到草原上啃草。

動物散布在疏林草原上在吃草，看來似乎是隨機散布，所在位置沒有一定規則。但在夏季繁殖區這裡，牠們其實是經過選擇而聚在一起，優勢雄性為牠所要防衛的雌羚圈出圓形的求偶場地。牠們低著頭，以角佯攻，把其他雄性趕跑。如果這招沒用，就可能真的會爆發激烈衝突。要決鬥的雄羚羊在四角相牴或對撞時會把腳撐開站定，好像職業拳擊手擺出架勢。戰敗的角逐者遭戳刺

的傷口流著血，染紅了地面，而贏家為保護這塊地還得繼續堅持下去，應付接連的危機。牠在這個競賽舞台或許只能當不到一天的冠軍，也有可能撐一個多月。這段期間，牠要做的事情可不只是趕走其他雄性而已。爭鬥的真正目的，在於吸引發情的雌性。

倚賴體力和能力來保住領域是一個方法——這樣等於向雌性昭告，牠有適合生存下去的基因。不過雄性也可以嘗試用更迷人的招數來吸引配偶，幾乎是賣弄雄性威風，以踏著昂揚腳步的方式來贏得雌性的注意與芳心。不過，香水才是牠的終極武器，尿液的氣味可以告訴她各種關於基因的複雜資訊，包括他會不會是個好配偶、或者有沒有染病、有沒有寄生蟲。

如果她喜歡自己聞到的味道，她就會投桃報李，依樣畫葫蘆；這回輪到雄羚羊來解讀這些氣味了，他利用位於口腔上方的特殊嗅覺受器來分析的時候，整個臉會皺成一團，露出一種傻呼呼的表情。如果他覺得她可以接受繁殖，雄性就會用前腳碰觸她的腹側，然後爬上她的背進行短暫的交配。交配結束，牠們的露水姻緣也隨之結束，彼此繼續去找其他的配偶。

3 月下旬或 4 月，吹過疏林草原的風從北風變成南風，既帶

白耳水羚 經常得面對挑戰。其中一種（最上）是為了繁殖場的主控權。而另一種，有時候會失敗的（對頁），則是從獵豹的口中逃生。

來了大西洋的水氣、也帶來了印度洋的濕潤海洋空氣。漸漸地，水羚也轉往南方。到了7月，牠們再度抵達濕季時的領域兼育幼區，在那裡碰到洪水的機會比北方少，草料也很豐沛。

穿越這片疏林草原的遷徙生活，對白耳水羚來說還相當順利。不過已經出現了麻煩來臨的徵兆。內戰難民要回故鄉，水羚的廣闊天地也即將變窄。公路開始在興建，卻沒有考慮到這些羚羊與其他有蹄類動物的遷徙漫遊；手持自動武器的盜獵者更是徹底利用這些大馬路，不但用來獵捕動物，也用來運送動物、進行非法的叢林肉買賣。南蘇丹的石油探勘作業也增加了，這對野生動物向來不是好事。

戰後的和平與人類活動的增加，雖然對白耳水羚和一起遷徙的其他動物都有負面影響，但還是有正面效益。野生動物保育協會持續研究水羚，也準備加以保護。現在正與政府共同籌畫，準備在班丁加羅（Bandingalo）平原設置一個新的國家公園，而此處不但是非洲最完整的大面積疏林草原棲地，也是大型哺乳類和鳥類的季節性家園。這片區域同時也是波馬國家公園和瓊萊地區之間的關鍵連結，而這兩個地方也都在水羚繞行的遷徙路線中。對這些動物和南蘇丹其他所有動物來說更重要的一點：公眾已經愈來愈了解，他們所保護的公園與野生動物，不管對這個國家、還是對整個地球的自然遺產來說，都是珍貴無比的資產。

烏干達水羚 在遷徙中停下腳步，在維龍加國家公園乾燥的疏林草原上啃起草來（右）。白耳水羚能很警覺地發現潛藏的捕食者正在逼近（上）。

阿拉斯加夏季的到來，如同短暫的祝福。長日裡的陽光，把生命從冬天的休眠狀態中吸引出來，從生死交關的寒冷月份，轉變成夏季的生命狂熱。現在發生的一切──吃了什麼、儲存了什麼，還有孵出來的，或生出來的，全都關係到存亡。每隻動物依本能就知道這一點。牠們漫遊過森林、海岸與溪流，尋找食物，或是自己的同類。有些動物，像是太平洋鮭的許多種類，會進行一趟朝聖之旅，回到出生的地方去產卵。那是牠們最後一項任務，一旦完成，死亡終會降臨。

求生的季節

水的溫度還有賀爾蒙，提醒鮭魚該是返鄉的時候了。有些鮭魚已經在太平洋洄游了一年，不過大多數是洄游了兩、三年，或者五年的鮭魚。現在，牠們腦中對地球磁場很敏感的磁鐵微粒，以及陽光照進海水後的偏光，將會指引牠們回到出生的地方。牠們帶著自己從海洋攝取的重要養分，而牠們的身體最終將成為肥料，滋養整個阿拉斯加生態系中的森林與動物。

知道牠們即將啟程游回遙遠的阿拉斯加水域，牠們的捕食者早就開始聚集。第一道關卡是太平洋鼠鯊，也就是「鮭鯊」，這種魚的體型既龐大又凶猛，有時會被誤認為大白鯊。返鄉的鮭魚一察覺有鯊魚巡游，便會緊貼著海岸，結果反而鑄成大錯，因為牠們在無意間困住了自己。太平洋鼠鯊於是大開殺戒。鯊魚不是唯一想飽食鮭魚的捕食者。海獅和鯨魚也聚集在海灣裡，獵食返鄉的帝王鮭、白鮭、銀鮭、粉紅鮭和紅鮭。最後勝利的通常都是捕食者。每四條鮭魚中只有一條能活著離開海灣。

繁殖本能驅策牠們返回出生的地方，也是牠們要前往產卵的地方，而嗅覺引導著牠們。某些鮭魚的產卵地，距離阿拉斯加曲折的海岸鹹水區域並不遠。其他的必須千里迢迢跋涉到出生的內陸湖泊、河流和小溪。

白頭海鵰、海鷗、水獺、貂，還有阿拉斯加最可怕的捕食者──棕熊，都在盯著水道，等著一年一度的鮭魚返鄉潮。可是捕食者構成的險阻還只是一部分挑戰。在內陸繁殖的鮭魚得要逆流而上。當牠們遇到阻礙，包括急流、淺灘、瀑布，堅定的生物驅力讓牠們繼續向前。牠們必須把生死拋在腦後，克服眼前任何擋住自己去路的險阻。

紅鮭返回牠們世代相傳的產卵地時，批著紅艷艷的繁殖外衣，而這三條魚的出生地是加拿大不列顛哥倫比亞的馬蠅河（Horsefly River）。

到了產卵季節，數以百計各種年齡的粉紅鮭擠在阿拉斯加的河流中，每一個新的世代都會在父母親出生的同一個地方成長。

能克服艱難險阻，成功上溯河流的成年鮭魚，很快就會產卵，水裡會充滿幾百萬顆小小的卵。只有很小一部分能孵化，長大成魚。

回到阿拉斯加的時候，牠們已經有一陣子沒有進食了，只仰賴在大海中覓食所累積的脂肪。在大海中，不論雌雄都在海流中閃爍著銀色光芒。但賀爾蒙的改變，提醒著牠們回家繁衍的時候到了，牠們的身體也會跟著改變。雄魚的背部變得狹窄而隆起，體色則加深、並且變色。現在，牠已經接近產卵地，外表簡直像熱帶色彩那樣鮮豔招搖，展現綠色的腦袋和暗紅色的身體——這在紅鮭身上最誇張。雌魚也變紅了，逆流而上的鮭魚變成一道深紅色的浪潮。帶頭的是雄魚，如果雄魚能成功抵達目的地，牠們會標示出自己的領域，等著雌魚抵達。

但這一路上，熊在等待著。整個冬天都在熊穴裡冬眠，現在牠們瘦了，需要進食。在永無止境的夏日時光中，熊把所有時間都花在進食，能吃多少就吃多少，能吃多快就吃多快。不然，牠們就熬不過下一個冬天。

熊通常不是很愛交際的動物，但這會兒卻發現大家都湊在一起，在有鮭魚的溪畔找食物。冬天在熊穴中出生的小熊，盯著大熊，學習怎麼捕魚、怎麼和性情捉摸不定的同類互動。誰

有力氣誰就是老大，力氣最大的公熊可以為所欲為，完全不受任何挑戰。牠們會占據溪流上最好的捕魚洞，擺好架勢——直到另一頭更大、更壯的公熊動粗趕走牠為止。

所有的熊都覬覦瀑布、斜坡和淺灘邊的好地點，鮭魚會擠在這些地方，準備跳躍，如果能成功跳過，就能讓牠們往更上游前進。當鮭魚真的從花白的水中躍出，棕熊也準備好用巨大的熊掌在半空中攔截鮭魚。

第一波的大餐來臨時，熊會吃掉整條魚，急著在冬天過後填滿自己的身軀。不過隨著飢餓感降低，鮭魚潮仍持續湧現，熊就變得比較挑剔，只吃鮭魚養分最豐富的魚腦、魚卵和魚皮。牠們扔掉的魚身，則被狼、鳥和其他動物吃掉。不管最後剩下什麼，都會在土壤裡分解，其中的化學成分終會進入森林的樹冠層。

鮭魚逆流而上的路途中，每遇到一處河床上的障礙物，數量都會大幅減少，但牠們繼續勇往直前，直到最後殘存的鮭魚抵達牠們尋尋覓覓的那片礫灘。一旦到了那兒，雌魚就開始在礫灘上挖掘名為產卵巢的坑，這個過程可以耗掉她一個星期的時間。她

鮭魚在山間溪流力爭上游，努力跳過瀑布的同時，常常也成為大型獵食動物的餐點。阿拉斯加棕熊是捕魚高手，在瀑布裡埋伏、伸長了脖子等著吃魚（上），牠們捕魚的成功率（對頁），只怕會讓人類釣客羨慕萬分。

側躺著，前後搧動魚鰭來移走礫石。等她挖好滿意的坑，她就會把卵產在產卵巢中。現在輪到雄魚過來，把精子噴灑在魚卵上面。雌魚的最後一項行動，是再次利用身體去移動河床上的小石頭，用鰭輕輕的前後搧動，把小礫石推回已經受精的卵上面。

如果她辦得到，那麼牠的告別演出就完成了。雌魚很快會死去，她的屍體把太平洋的氮、磷、碳和其他重要養分帶到河床上。雄性也是一樣，等到產卵結束，牠們的生命週期也跟著結束。下一代已經開始動起來了，但是成熟中的胚胎要自食其力。每個產卵巢中只有少數的魚能夠存活。

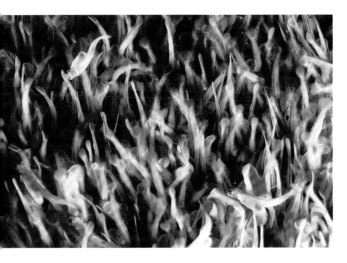

兩到三個月的時間裡，這一窩粉紅色的卵慢慢成長，每顆大概都是豌豆大小。然後小魚苗出現了。這些不到 3 公分長的小魚在第一個月會先待在產卵巢中，從仍然垂掛在肚皮下的卵黃囊取得養分，然後就準備好以魚苗的模樣離巢。在眼前冰寒的幾個月裡，牠會留在出生地的寒凍水域中。

接下來的夏天，牠將展開自己順流而下的長程跋涉，前往大海。一路上牠會以植物和昆蟲的幼蟲為食，相對的也有可能會被鳥類、昆蟲和其他魚吃掉。當牠們朝著大海游去，將在途中遇見那些逆流而上的返鄉成年鮭魚，牠們準備回家產卵、迎向死亡。

大西洋鮭與太平洋鮭魚親緣關係相近，牠們排出卵和魚白（右）。
剛剛孵化的幼魚，在這個成長階段稱為魚苗，密密麻麻聚集在一起（上）。
次頁：具代表性的鮭魚遷徙，滋養了阿拉斯加的大地。

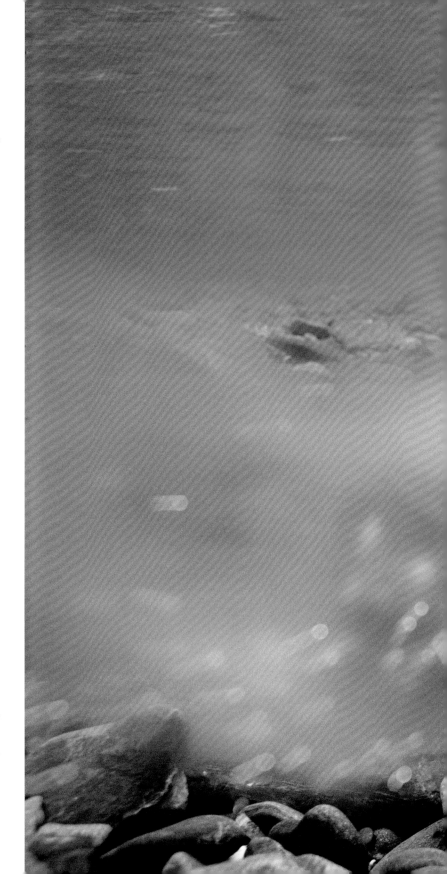

牠們飛掠過熱帶森林的樹冠層，前肢和修長的指頭上有膜，展翼後，由翅的一端到另一端足足有 152 公分。雖然飛行技術高超，牠們卻不是鳥類；儘管有狐之名，牠們也絕非狐狸。牠們是會飛的哺乳動物，是全世界體型最大的食果蝙蝠之一，牠們好奇的臉孔有一雙大眼睛，還有毛茸茸的耳朵和口鼻，使牠們被命名為狐蝠。澳洲的小紅狐蝠是真正的空中遊牧民族，在樹頂上繁殖、育幼，追隨著花蜜與花朵的蹤跡，勇闖天涯。

高高在上的生活

這些有翅膀的哺乳動物具有神奇的耐力、身體構造、生存智慧與選擇性社交能力。牠們的「營地」就是一座小型都市，白天時有幾千隻甚至多達百萬隻的蝙蝠在樹頂上一隻挨著一隻，倒掛著睡覺，度過陽光照耀的時間。

當黃昏降臨，營地也騷動起來，蝙蝠張開了有翼的手臂，聚落成員接連飛了起來，就好像強風把樹頂上幾千片樹葉吹上天空。這一大群蝙蝠發出刺耳尖叫，在空中展開了整夜的覓食活動，有時這是對耐力的大考驗，像是小紅狐蝠每晚最遠可以飛到 80 公里外。

這種蝙蝠與大部分蝙蝠不同，牠們在空中並不使用回聲定位辨別方向。牠們靠自己的鼻子，和那雙熱切、對色彩很敏感的眼睛去找尋食物。儘管牠們因為破壞果園使得惡名在外，但小紅狐蝠其實比較喜歡花，特別是開花樹木的花蜜，牠們會用長舌頭吸

飲花蜜。牠們最喜歡的是鈣質豐富的尤加利樹花朵，但如果尤加利樹供應不足，牠們就會吃嫩芽、樹皮、樹液、其他硬木的花朵、昆蟲，還有果實。因為吃果實而讓牠們過去在果園主人間有惡劣的名聲。小紅狐蝠在覓食時，會比其他蝙蝠更深入內陸。牠們從一朵花移到另一朵花，不但傳遞了花粉，也在闊葉樹林的更新上扮演著關鍵角色。

破曉時分，小紅狐蝠飛回營地，這時的牠們貼地低飛，因為那裡風的阻力最小，但也最容易出現意料之外的危險。在空中攔截牠們的不是捕食者，而是牧牛場、酪農場的鐵絲圍籬。牠們被困住了。如果牠們想咬開圍籬逃走，只會讓傷勢更嚴重、纏得更緊。除非有人類來幫忙，否則牠們根本不可能活著逃出去。

大部分聚落成員都能回到營地，抓住棲息樹木的枝條，降落

澳洲的小紅狐蝠是一種食果蝠，是真正的空中特技專家，牠們有翼的前肢和靈敏的鼻子，能可靠地帶領牠們找到甜美的花朵和蜜汁。

狐蝠的名字裡儘管有狐，但牠們其實是食果蝠，白天棲息在澳洲的森林裡，黃昏時離去。

黑夜降臨之前，牠們會聚集成大群，揚起翅膀展開夜間的遷徙，飛向結滿果實的森林，並在那裡進食。

時用翼膜手臂上的大拇指把自己鉤住。然後在一陣騷亂與尖叫聲中，牠們通通調整成倒掛姿勢。小紅狐蝠降落時並不一定都很平穩，而營地中棲息的位子又很擠，所以牠們的領域性可能會導致尖叫互咬的衝突忽然暴發。

一年中，雌雄狐蝠幾乎都棲息在一起。但在每年11月到1月，在晚春的交配季節中，雄狐蝠會標示地盤，並捍衛自己吸引到的幾隻雌狐蝠。求偶過程中會出現耳鬢廝磨、彼此撫觸的親暱景象，交配行為則可以長達20分鐘，之後這對佳偶有時會繼續依偎好幾個小時，並且至少這整個季節都會在一起。

在4月或5月，經過五個月的懷孕期之後，雌狐蝠會產下小狐蝠，通常只有一隻。在頭一個月，新手媽媽會帶著還在吃奶的寶寶一起覓食，小寶寶則用腳緊緊掛在媽媽的毛皮上。帶著這個

額外的負擔，媽媽也需要額外的能量來維持體力。小紅狐蝠的童年很短暫，兩個月大時，小狐蝠已經準備好自己飛翔，並跟著蝙蝠群到處漫遊。

每夜不斷的覓食，沒多久便耗盡了營地附近的食物來源，一到兩個月內，就該是搬家的時候了。拔營之前，小紅狐蝠會仔細梳理自己，用舌頭把一種油質分泌物抹在自己的翅膀上，這樣飛行起來可以更有效率。

狐蝠不再使用的樹頂變得光禿禿，因為牠們棲息這段時間的起飛、降落和棲息，都會使葉片掉落，留下滿是糞便的樹枝。有些樹枝甚至因為承受不住這麼多狐蝠擠在一起而斷裂。

雖然牠們如今的旅行路徑已經很清楚，不過蝙蝠的早期演化還是一團迷霧。不管是哪一種蝙蝠，最古老的化石可以追溯到始新世，也就是約在5000萬年前——以演化角度來說算是相當晚期的事。然而，如今翼手目是哺乳動物中種類最多的一類，共有一千多種蝙蝠。蝙蝠可能是從會滑翔的樹棲動物演化而來，具有一片能撐開的薄膜，使牠們能模擬飛行動作。最後這片薄膜終於從後肢延伸到前肢以及極為修長的指頭上。只剩下一根有爪的大拇指從這覆蓋一切的翅膀上突出來。小紅狐蝠在攀爬或抓取果實的時候，就會用到牠們的大拇指。小紅狐蝠是適應性極強的生物，

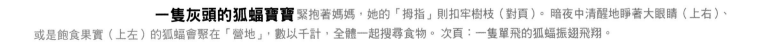

一隻灰頭的狐蝠寶寶緊抱著媽媽，她的「拇指」則扣牢樹枝（對頁）。暗夜中清醒地睜著大眼睛（上右）、或是飽食果實（上左）的狐蝠會聚在「營地」，數以千計，全體一起搜尋食物。 次頁：一隻單飛的狐蝠振翅飛翔。

只要找得到食物的地方都能生存，分布地點從澳洲北部，一直延伸到極南邊的東南海岸。大城小鎮，只要有受到良好照顧的樹木和水源，都會是很好的棲息地點，所以在像雪梨、墨爾本和布利斯班這樣的大城市郊區，都能找到這些蝙蝠的大型聚落。不過也可以在野外發現這種漫遊蝙蝠的聚落。

一年中，小紅狐蝠可以四處飛行好幾千公里，暫時性的營地設在竹林、尤加利樹樹幹、白千層沼澤，還有紅樹林濕地中。紅樹林特別能保護牠們免遭人類毒手。雖然現在已經較少有人獵捕牠們，不過原住民族偶爾還是會抓狐蝠來吃。當小紅狐蝠低掠河面上喝水的時候，有時也會有惡名昭彰的澳洲捕食動物在伺機而動。有些淡水鱷真的能在空中咬住狐蝠，其他的則耐心等待比較容易得手的目標。

不過鱷魚的威脅其實還算小。牠們殺掉的小紅狐蝠比以前那些果園主人少太多了，當時他們有計畫地毒殺或獵殺狐蝠。牠們的數量雖然比歐洲人殖民之前大量減少，但澳洲的小紅狐蝠現在似乎還蠻興旺。只要牠們生存所需的森林不會因為伐木而倒下、不會為了農業和更多都市而遭到伐除，這些長著翅膀的漫遊者就能繼續飛進暗夜，追尋花的香氣與花的風景，不論是在何處。

破曉時分，狐蝠抵達了牠們的營地，並且利用後腳成群掛在一起（左）。
一年中，雌雄狐蝠幾乎都棲息在一起。狐蝠的高明技巧名不虛傳（上）。

生存的競賽

ACE TO
URVIVE

…部的一群 **叉角羚** 而言，雪是關鍵大事。牠們在春天跟著融雪往北移動，入秋則往南方快速移動，試著跑在即將來臨的降雪前頭。另外在 **婆羅洲雨林** 中，食物提供了另一類的長期競賽，許多物種爭相朝著巨大的樹冠樹頂邁進；另一種食物鏈則以另一種不同的方式，使地球上最大的魚類—— **鯨鯊** 與 **深海**層微小的浮游動物捲入一場共舞，讓每一天都成為一場生存的競賽。

喀拉哈里沙漠中央出現一幅似乎不可能發生的景象：氾濫的奧卡凡哥河每年溢流的面積廣達 1 萬 6000 平方公里，形成世界上最大的內陸三角洲。這幅景象彷彿回到未遭人類干擾的古老非洲，這個綠洲吸引了大象、水牛、羚羊、斑馬，還有數百種不同的鳥類。當雨水在 11 月或 12 月初來臨時，動物開始向外播遷。一群草原斑馬不知為了什麼，在此時開始朝著環境嚴酷的馬卡迪卡迪鹽沼展開了艱鉅的遷徙行動。

追隨雨的腳步

波札那北方的淺盆地曾經屬於一個大型的內陸湖，涵蓋奧卡凡哥三角洲以及喀拉哈里的其他部分。馬卡迪卡迪湖在 1 萬年前消失，但它遺留的礦物質，如今形成淺盆地表面因鹽分而白化的硬殼。那些礦物質，或許可以解釋斑馬為何毅然前往馬卡迪卡迪進行季節性遷徙，而馬卡迪卡迪（Makgadikgadi）這個名字的意思正是「廣大無生命之地」。但在雨季，即使是這片無生命之地也充滿了各種生物。

斑馬大概要花 10 到 20 天的時間，才能穿越稀樹草原上如拼貼畫一般的草地與林地，完成奧卡凡哥與窪地間的 240 公里路途。牠們往東南方覓食，遇到偶爾出現的泥坑及季節性的水池，則停下來喝水。草長得並不好，但是這些草原斑馬很有辦法，能夠消化其他有蹄類動物無法消化的食物，並從草中汲取必要的營養素。牠們的消化方式也使得牠們必須在白天不斷進食，甚至到了晚上也是。

在馬卡迪卡迪的北緣，牠們來到這片乾燥世界裡唯一固定的水源——孕育生命的博泰蒂河。在雨水豐沛的年份裡，它會不停流動。而在乾燥的年份裡，河床邊總是會有水池，提供著稀少但迫切需要的水。不管季節怎麼變化，奧卡凡哥的遷徙動物在博泰蒂可能都會遇到牛羚以及自己同類，定居於馬卡迪卡迪的 1 萬5000 匹斑馬也會聚集在博泰蒂。

這些較大的斑馬群中又包含斑馬的妻群：由一隻公斑馬與牠的配偶（可以多達六隻），以及牠們的下一代所組成。這些母斑馬謹守嚴格的階級體系，最先被選上的，在團體中仍然是公斑馬的最愛。為首的母斑馬扮演主導角色，當這個妻群遷徙時便帶領著隊伍，牠的子嗣則緊跟在後。其他的母斑馬依照牠們加入團體的先後順序跟隨在後，小心翼翼遵守著和人類的階級制度同樣嚴格的體系。

為了顧好自己的妻兒，公斑馬常常尾隨在隊伍最後。牠不僅必須防止母斑馬發生衝突，偶爾甚至會加以干涉，保護妻群裡新加入的母斑馬，還必須驅離任何有意競爭的公斑馬。這是繁殖的

在斑馬分布的範圍裡，水源並不穩定。這些動物每年要長途跋涉到過去慣常前往的地點尋找水源，像是在波札那的這一處。

當斑馬抵達湖泊與河流時，牠們常會加入與自己有相同目的、已經聚集在河流及岸邊的牛羚群。

季節，警覺的單身公斑馬在四周張望，希望從既有的斑馬群中誘拐母斑馬。當這種情況發生時，激烈打鬥經常伴隨而來。拳擊般的踢打還有互咬，可能造成嚴重的傷害。勝利者獲得戰利品，有權利與引發打鬥的母斑馬交配。

對前一年懷孕的母斑馬來說，現在是生產的時候。她產下的幼馬緊跟在側，未來幾個月會以她豐富的乳汁哺育。但在出生後的第一個月內，幼斑馬也學著在馬卡迪卡迪充滿養分的草地上覓食。

母斑馬的嘶叫聲、氣味以及斑紋形態是區分牠們的特徵，牠的幼斑馬能清楚分辨。諷刺的是，讓斑馬區分彼此的斑紋型態，卻使得牠們在捕食者眼中難以分辨。當獅子的目光掃過一群正在覓食的斑馬，想鎖定一匹斑馬下手時，牠們看見的是一片令牠們眼花撩亂的斑紋，並非無法獵捕，但這個偽裝使得獵食的難度提高。

獅子在白日的酷熱中無精打采，常常等到天黑才開始積極狩獵。斑馬知道這一點，當夜晚來臨牠們也提高警覺。即便是在夜晚，牠們仍然必須進食，但牠們會在情況容許時離開空曠的草地，轉往有較多灌木叢保護的地區或林地覓食。牠們的移動會更加沒有規則可循、也更迅速，好擺脫牠們的捕食者。但並非一定奏效。獅子跟蹤的技巧高明，常常在獵食行動中集體合作。牠們早晚都將大開殺戒。

在繁殖季節，公斑馬會激烈競爭領域及母斑馬（左）。在此同時，斑馬必須隨時提防被獅子捕食（上）。次頁：牛羚及斑馬在馬賽馬喇國家保護區裡為逃避危險而狂奔。

當溼季進入 1 月及 2 月，斑馬在馬卡迪卡迪又乾又脆的草地上進食，補充微量元素及蛋白質，這是在溼季覓食時看似豐茂的糧草中所缺少的。牠們從雨水滋潤的水池中喝個飽。不論雨降在何時何地，只要雨水使地平線暗沉下來，牠們就會朝那個方向移動。

但在波札那，雨水最難以捉摸。在雨水豐沛的年份，斑馬欣欣向榮，奧卡凡哥的斑馬群在淺盆地停留的時間可能長達八個月之久。到了旱年，斑馬群數量下降，可能僅僅停留一兩個月就離開馬卡迪卡迪。在尋常的一年，牠們會在 4 月底展開返回奧卡凡哥的長征，但不管是在幾月，當鹽沼地區乾涸了、或者因為雨水不足使鹽分過高而無法取得飲水時，斑馬們就會離開，移動十分迅速。

牠們在溼季開始時就朝這裡遷徙，如此能夠確保牠們在沿途都有水源豐富的水池。牠們不趕時間，在 10 天到 20 天後抵達馬卡迪卡迪。回程則花一周或一周半的時間。

乾季與赤道的烈日烤乾了稀樹草原，水在喀拉哈里現在成了稀有資源。但斑馬知道去哪裡找水，並朝著水源迅速移動。氾濫的三角洲正等待著牠們，那兒有奧卡凡哥綿延不絕的甜美河水。

幼斑馬會緊跟在母親身邊好幾個月，以聲音、氣味及條紋型態來辨識母親（右）。交錯的足跡在肯亞代表此處是營養豐富的優質草原（上）。
次頁：在波札那，一群遷徙中的斑馬在暮色將至之時揚起滾滾塵煙。

在人類眼中，海洋似乎朝地平線不斷延伸，距離遠近則以海面上的里程數來標示。但對於海面下的生物而言，距離有水平和垂直兩個方向，垂直的上下移動，能經歷洋流和溫度的改變，以及光明和黑暗的交替變化。一場穿過層層海洋、非比尋常的遷徙每天都會上演，就像地球上其他的遷徙活動那樣急迫而充滿極端。這是使海洋生態系統維持平衡的遷徙，而且很可能是一種保持地球健康的平衡力量。

無底深淵，無限生機

在全球各地，當地球背向太陽，夜晚悄悄降臨海洋之際，數以百萬計、或可能以兆計的極微小動物，開始從海洋深處上升至表面。在這個可能是地球上規模最大的遷徙活動中，牠們最多向上推進將近 460 公尺。牠們透明而奇特，大小從拇指指甲到大約 15 公分不等。牠們有個共同的名稱，叫做「深海散射層」，這個名稱不是來自任何詩情畫意的理由，而是因為牠們充滿氣體的泳鰾以及牠們的脂肪會打散聲納儀器發出的聲波。

水手在二次世界大戰時以聲納螢幕偵測到牠們，起初以為那是海底，然而這個海底在每個夜晚都會上升。到了 1948 年，科學家才了解這個「假海底」事實上是一個形狀不固定、由豐富的浮游動物組成的生物質量，其中包含了幾千種的浮游動物，許多都有待辨識，其他則包括了蝦子幼蟲、螃蟹、怪異的深海魚、鰻魚、水母與其他微小生物體。深海散射層的生物正在牠們前去覓食的路上──

游向生活在充滿陽光的海洋表面的浮游植物，那是要用顯微鏡才看得到的植物。根據一位生物學家的說法，牠們每晚的遷徙相當於一個人為吃一餐飯，單趟步行 40 公里。

浮游植物以及深海散射層的浮游動物維繫了食物鏈。在中美洲的貝里斯，這個食物鏈包括數種鯛魚，牠們在沿岸的紅樹林溼地興盛繁衍，每年春天會進行自己的遷徙。牠們從紅樹林的庇護中魚貫游出，橫越貝里斯堡礁，穿過格拉登沙嘴（Gladden Spit），礁石在那裡往下陡降 300 公尺。

在滿月或朝向滿月的半月夜晚，巴西笛鯛聚集在海面下約 60 公尺的地方，開始跳起年度的交配之舞。牠們求偶儀式發出的聲音隨著海水傳播，引起像是瓶鼻海豚等捕食者的注意，牠們巡游過來輕鬆飽餐一頓。等待這一刻的並非只有海豚。海中最大的魚類──鯨鯊，也為了鯛魚卵而專程來到這些水域。

鯨鯊 是所有魚類中最大的，以海洋中最小的一些生物體──浮游動物為食，牠將海水中大量的浮游動物吸了進去。

這類微小海洋生物體，是鯨鯊這種世界上最大魚類的主要食物來源。

深海散射層的浮游動物每晚移動至海洋表面，以甚至比牠們還小的生物體為食。

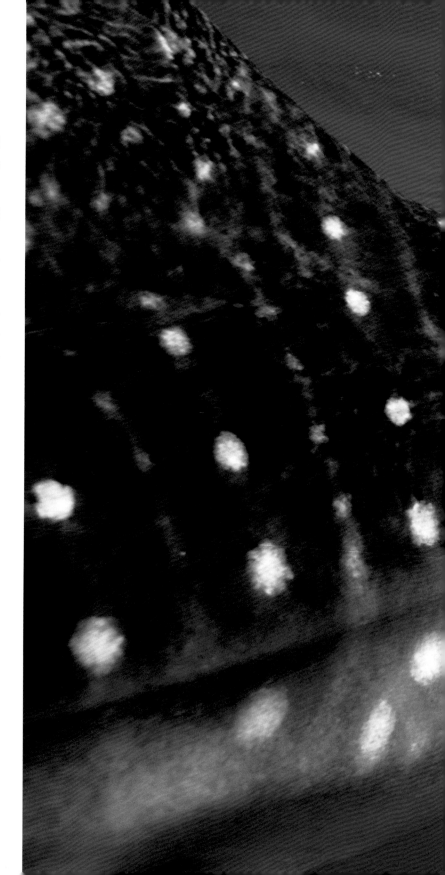

　　儘管牠們體型碩大，體長超過 12 公尺、體重超過 18 公噸，但這些鯊魚屬於濾食動物，在海洋中吸濾海水。當牠們大口一開時，牠們吸入並過濾出浮游植物及浮游動物——所到之處無一倖免，然後將海水從鰓排出。鯨鯊可能是從遙遠的海洋來到這裡，加入貝里斯堡礁沿岸的這場年度鯛魚饗宴。但和海豚不同，牠們對於成熟的魚興趣缺缺，牠們是為了鯛魚卵及精子而來。

　　當母魚釋放出卵子、公魚釋出精子時，海水立刻變成混濁的乳白色。鯨鯊張著大口游過來展開獵殺，吸入釋放出的魚卵。存活下來的受精魚卵成為魚苗，被洋流送到各地。如果能存活至成魚階段，牠們將會回到這裡進行年度的產卵。

　　鯛魚產卵結束後，鯨鯊就會離開，前往別的地方覓食。在不受干擾的情況下，牠們可能活到 100 歲，但在世界某些地方，漁夫為了牠的魚肉與鰭，亟欲捕到這種大魚。「國際自然及資源保育聯盟」現在已經將這種世界上最大的魚類列入易受害物種。

　　當鯨鯊在海洋長距離漫遊時，深海散射層的微小生物體持續著每晚上升至海面的覓食之旅，然後在日出時返回深海。當牠們降至深海時，牠們吃下的浮游植物所攜帶的碳也給帶了下去，並將碳在深海釋放或排出。牠們如此的小規模遷移有可能是保護地球防止氣候變遷的關鍵嗎？

海龜 在長途跋涉之後來到加勒比海繁殖（上）。牠們與鯨鯊共享較溫暖的棲地（對頁）。次頁：鯛魚、銀漢魚與一隻海星共享水下的紅樹林森林。

當第一絲陽光抹上婆羅洲雨林的樹冠，一隻公長臂猿在樹冠高處唱著歌，迎接晨光到來。隨著熱帶的光線增強，並穿透世界上最高的落葉林樹冠濃密的頂部時，長臂猿家族便開始展現空中特技。當母親俐落地擺盪在樹枝間時，長臂猿寶寶攀在牠們身上。牠們朝著犀鳥鳴叫的方向移動。這種鳥是森林饗宴的報信者，爭取獎賞的競賽正式開始──獎品是一棵高大擬橡膠樹（strangler fig）的累累果實。在這個由深邃的陰影及稀疏灑落的陽光所組成的樹葉世界中，樹枝構成動物往來的十字路口，聲音的重要性可比親眼目視。擬橡膠樹在這裡是關鍵物種，要存活就少不了它。

為上帝而生的天堂

這些正在結果的無花果屬植物上，較小的樹枝可能掛著 1 萬、甚至 4 萬個綠色球體，這些果實有的已經成熟，有的還在發育。鳥類、靈長類及其他動物全都加入了這場盛宴。除了長臂猿，還有栗紅葉猴、長尾獼猴以及馬來人稱為「森林人」的紅毛猩猩，全都出席了這場饗宴。巨大的擬橡膠樹每兩年才會結一次果，當這場兩年一度的盛事到來時，整座森林都屏息以待。誰能在果實呈最佳狀態時取食的競賽開始起跑，而食用的時間就是現在。

在這個由龍腦香樹為主的森林裡，每一種動植物都完全掌握了自己獨特的生存技能。這個高聳入雲的世界裡，許多居民從來沒有碰過地面，而是在朝天空延伸七十幾公尺的樹冠上徜徉。一叢叢氣味香甜的花朵為樹冠頂部增添色彩，不過在這裡找尋食物並不是那麼容易，任何地方只要有食物，盡快找到它就成為緊急要務。

擬橡膠樹這種無花果屬植物是最高主宰，它是一個慷慨的給予者，也是一個投機巧奪者。「這些森林裡最頂端的葉子大部分是由無花果屬樹木的葉群所組成，」自然學家阿弗雷德 · 羅素 · 華萊士寫道。華萊士與查爾斯 · 達爾文同一個時代，他兩人共同發展出演化及天擇的理論。19 世紀中造訪婆羅洲時，他對這種植物留下極為深刻的印象。他稱擬橡膠樹的戰術是「植物王國中真正的生存競爭，對於被擊敗一方來說，致命程度不亞於動物間的搏鬥……能攀附的草本植物是較快取得陽光的一種，而在這裡，這樣的優勢屬於森林裡的一個木本的樹。」

華萊士所指的是，由於動物食用這種無花果的果實並傳播它

婆羅洲雨林的晨光及薄霧提醒長臂猿、猴子、獼猴及紅毛猩猩，每天必要的食物搜尋應該開始了。

長鼻猴在婆羅洲茂盛的森林中飛也似跳躍，藤本植物纏繞著那裡的樹木。

一隻紅毛猩猩在婆羅洲的巴龍山國家公園享用熱帶豐富的物產，以一棵小的木奶果樹為食。

的種子，它可以從其他樹的分枝間、在離地很高的地方萌芽生長。起初它以附生植物的型態緩慢生長，從陽光、雨水以及它所寄生的樹的殘枝散葉吸收濕氣及養分。然後它開始發育出纏繞著宿主的根，一寸一寸朝地面生長，然後鑽進土壤，進一步吸收宿主所需的水及養分。這種無花果樹的根變粗之後，它們像蛇一樣纏住龍腦香樹，使它窒息。同時，無花果的藤蔓朝向樹冠生長，最後用它自己的葉子覆蓋宿主的葉子，將日光遮蔽。隨著時間過去，擬橡膠樹就這樣把它們的宿主給纏死了。

諷刺的是，這種無花果樹具侵略性的方式確保了幾種動物得以生存，因為這種樹是慷慨的給予者。在結果實的時候，一棵無花果樹能夠為各種動物提供食物，動物們一般大多願意共享無花果樹的慷慨餽贈。長臂猿則屬例外，牠們有時會趕走栗紅葉猴及其他靈長類競爭者，而且向來對同類絲毫不容忍。

就一對長臂猿配偶來說，領域就是一切，牠們只與自己的兩到四隻幼猿共享。這一家人會一同發出能傳遞到 1.6 公里外的吼叫聲，來宣告牠們的森林範圍，警告其他長臂猿保持距離。母長臂猿的「大吼」與女高音不相上下，當牠宣示已經為家人占據一棵無花果樹時，牠會在兩個八度音階之間上下發出顫音，並且像唱歌劇一般有情緒及音調變化。長臂猿是最小型的人猿類，可以靈活地在樹枝間吊來盪去，快速到達成熟可食用的無花果。在吃

恰如其名的長鼻猴（左）喜好在靠近河流的紅樹林森林中覓食。
一隻母猴和她的寶寶（上）在森林樹冠高處的樹枝上休息。

光了食物之後，牠們就會繼續擺盪，迅速移往另一個最佳的攝食地點。比起森林裡的靈長類表親，也就是笨重的紅毛猩猩，牠們有速度上的優勢，而牠們一定要善加利用這個優勢，因為紅毛猩猩才是真正的樹冠之王。

公紅毛猩猩是世界上最大的食果動物，站立時有 1.2 到 1.5 公尺高，體重可以超過 90 公斤。這些猿類需要大量的果實才能飽足，但牠們的龐大體型也意味著在自然界沒有捕食者。牠們隨心所欲地行動，是鮮少與其他動物互動的獨行俠。牠們永遠都在尋找食物，牠們的生活繞著尋找食物打轉。如果找不到水果（大概有一半的時間是如此），牠們就會吃樹皮、樹葉、莖部、花朵、蜂蜜、甚至是蛋、昆蟲，以及礦物質豐富的土壤來維持體能，但能讓牠們高興的仍然是水果。

紅毛猩猩相當厲害，似乎在心裡記住要在某棵樹恰好結果的時候再次回去。但即使牠們不去記，這麼多動物聚集在一起的聲響、叫聲、喧鬧聲及進食的聲音，也會提醒牠們這場饗宴。關鍵在於要夠快出席才行。

雖然在居住樹間的動物中，牠們是世界上最大型的，但攀爬時也很小心。牠們和長臂猿不同，沒辦法在樹冠優雅擺盪，甚至無法在樹與樹枝間跳躍。牠們頂多能利用體重掛在樹枝上來回搖晃，讓牠們盡可能接近下一個立足點，然後用牠們的長手臂幫助牠們抵達下一站。有時，當牠們穿梭在森林中尋找食物時，會評估不同選擇，思考取得水果所要消耗的能量，以及能夠從中得到多少卡路里。

等到牠們抵達一棵結了果的無花果樹時，餐宴已經開始了，長臂猿摘下成熟的果實狼吞虎嚥，犀鳥熟練地從成串的無花果中挑取果實，將果實拋向空中，然後用牠們的喙把果實刺穿開來。紅毛猩猩只好吃些比較酸、比較不成熟的果實，而這些巨大的猿類摘下的果實，很多都掉到了地上。果實一掉到地上，就被聚集在無花果樹下方的鬚豬、鹿或豪豬一掃而空。

當太陽西下時，紅毛猩猩開始將小樹枝向內彎曲在一起，編織起來，然後用其他的細枝與樹枝做成一個夜晚休息的平台。為了節省能量，並接近較佳的覓食位置，紅毛猩猩可能在結果的無花樹上窩築，睡醒後就能輕易摘取果實。

公猩猩獨自睡覺，母猩猩則會在小紅毛猩猩長到六或七歲之前陪著牠們。雖然年幼的紅毛猩猩可能在五或六歲之前仍接受哺育，但牠們就像成年猩猩一樣，也渴望吃到果實。在第一年裡，母猩猩會摘取果實以餵食小猩猩，但牠很快就學會如何自己抓取這種綠色果子。這是牠與母親獨自穿越森林時從母親身上學會的技巧。如果有兩個紅毛猩猩家族在無花果饗宴上相遇，年幼的猩猩可能會一起玩耍，但母猩猩則不理會對方。

除了令人過目難忘的鼻子，這些猴子也是世上唯一在腳上一部分長了蹼的靈長類。牠們會在有必要過河時，善用牠那如鴨子般的蹼以狗爬式游泳過河。游泳時幾近無聲，所以能避免讓鱷魚發現。

牠們的表親栗紅葉猴生活於森林樹冠中，牠們也同樣喜歡社交，與一小群猴子生活在一起，成員可能有 12 隻左右，由一隻強勢的公猴主導。當牠們敏捷穿梭在樹冠中的時候，會一起發出喧鬧叫聲，在找到一個結了果的無花果樹後，就待在樹枝上盡情享用。

幾周後，無花果樹的供給終於耗盡，這些參加饗宴的食客就會離去，希望找到另一處寶藏。直覺告訴牠們，下一餐並不一定有著落，牠們必須快速移動。

婆羅洲的雨林儘管如此繁茂，卻仍然充滿不確定。這裡的天氣會受大約每四年一個周期的聖嬰／南方振盪現象影響，這種現象可能帶來乾旱及火災。乾旱對於某些物種來說可能極具毀滅性，但卻會促使龍腦香樹集體結實。森林樹冠開滿了花、然後結果，創造出一個當地信奉基督教的達雅克族人所稱「為上帝的眼與鼻而生」的天堂。大量釋出的種子徹底鋪滿林床，也為當地的動物帶來大餐。

幾個世紀以來，覆蓋世界第三大島婆羅洲的龍腦香森林定期以大量結實來滋養整個生態體系。在兩次大量結實之間同樣需要仰賴龍腦香才能生存的無花

母猩猩與另外一隻成年猩猩真正發生互動，只有在每七到八年當她進入發情期的時候。那時她會尋找一隻有著明顯肉頰及喉袋、代表成熟與強壯的公猩猩。如果牠運氣好，就能在較年輕、較不成熟的公猩猩找上她之前，吸引到牠偏愛的交配對象。公猩猩會在森林中以牠們的「長吼」示意，好確認彼此不會碰頭。

雨林中的猴子比起牠們長臂猿及紅毛猩猩這些表親，要更喜歡社交活動。其中最顯眼的就是恰如其名的長鼻猴。這些體型大、有著便便大肚的猴子可能是靈長類中模樣最奇特的，只在婆羅洲低地發現到。牠們會成群結隊喧鬧地穿過森林，一群猴子甚至多達 30 隻。家族團隊以及單身團隊常常會在夜晚時聚在一起，睡在蜿蜒穿過雨林的河流附近。白天的時候，牠們會在紅樹林爬上爬下找樹葉吃，移動的距離很長，但從來不會離開河流太遠。

婆羅洲的雨林有許多不同種類、動作敏捷的動物以這裡為家，如長鼻猴（對頁最上及最下）。
牠們的表親小栗紅葉猴（上右）以及白鬍長臂猿（上左）也居住在這些繁茂的森林樹冠中。
次頁：一隻雌的婆羅洲紅毛猩猩帶著一歲大的小猩猩前往安全地點。

果樹，則會提供森林所需。但現在，這整個循環周期正受到嚴重威脅。1980 年代到 1990 年代之間毫無節制的伐木造成了極大傷害。今日，伐木雖然受到較多限制，但合法及非法的伐木仍持續進行，甚至是在國家公園內及周邊地區。在婆羅洲有些地區，低地森林縮減的面積超過一半以上，伐木之後所留下的土壤不利於樹木重生。森林樹冠結構的改變似乎也對降雨型態造成影響，使情況更加複雜。

仰賴龍腦香森林的稀有植物與動物正逐漸受到威脅或瀕臨絕滅。大型動物如紅毛猩猩的生活領域受到干擾、變得零碎。而這有一種反饋效果。因為大猩猩本身就是種子的傳播者，當牠們的生活領域被人類文明、砍伐地區或森林火災所包圍、所限制時，牠們傳播的種子就會減少，森林的組成因而發生我們還不了解的微妙改變。

婆羅洲的森林是這種奇特而美妙的猿類唯一的自然家園，喪失棲地可能意味著末日來臨。國際自然保育聯盟估計，婆羅洲中部的紅毛猩猩數量在過去 60 年已經減少了一半。紅毛猩猩已被列為瀕臨絕種的物種。但棲地喪失並不是唯一的威脅。年幼的紅毛猩猩有如戰利品，因非法寵物交易而被捕捉，成年的紅毛猩猩有時也會遭到獵殺。

現在牠們令人難忘的臉龐仍繼續朝雨林深處凝望，彷彿注視著一個正在牠們眼前消逝的世界。

毀滅性的伐木 在婆羅洲的地貌留下疤痕（上），並可能毀滅紅毛猩猩（右）這種地球上最神奇的猿類，以及其他各種族群數急速下降的森林居民。

牠們是一群數量正在凋零、離群而居的叉角羚，在嚴酷的土地上求生。據估計，參與每半年一次、橫跨美國懷俄明州西北部旅途的叉角羚只剩下 200 隻。這趟行程是北極以外所有新世界動物中，路途最遙遠的陸地遷徙。這些北美特有的動物，儘管有時被稱為羚羊，但並非真正的羚羊。牠們曾經廣布在高地的平原，牠們黃褐色、近似山羊的身影曾經是此處受強風侵蝕的山丘及隘口的尋常景象。但是現在牠們如同來自偉大過往的幽靈，在地貌上飄然穿梭。

何以為家

叉角羚來到這個地方比人類早了許多，時間在好幾百萬年前，當時巡行在這片土地上的是劍齒虎及獵豹，而不是現在的雪車。因為有獵豹這樣的捕食者，叉角羚因而演化成現存速度最快的陸上動物，只有速度最快的才能生存。牠耐力十足，即使捕食者已經耗盡體力，牠還能繼續跑上一段時間。

在近代，叉角羚最主要的捕食者是人類。光是在 1881 年，就有 5 萬 5000 張左右的羚羊皮沿著黃石河運到下游。往後數年裡實施的狩獵法保護叉角羚免於這樣的過度獵捕。現在約有 50 萬隻徜徉在懷俄明州，數量與該州的人口數相近。

但是有一小群為數約 200 隻的叉角羚，固定生活在懷俄明州一條危機四伏的廊道中，在派恩達南方、綠河流域的山艾樹盆地以及北方的大提頓國家公園之間移動。因為牠們居住在美國西部發展最快、最炙手可熱的一片土地上，這群動物學會了要勇敢，不是無懼於獵人，而是不怕人類設置的障礙。在牠們的年度遷徙中，牠們必須穿過各種險阻，難度之高不下於地球上任何一條路線。

高地平原上的冬天極為嚴峻。叉角羚的存活需仰賴零星冒出雪地的山艾樹。牠們的毛皮不厚，但似乎已經適應了寒冷，而且如果有需要，會把食物上的雪撥開。這群 200 隻的叉角羚集結在綠河上游流域的派恩達方山，牠們並不孤單。還有羚羊、麋鹿及騾鹿共享牠們的冬季棲地。初春時節，當高地平原的雪開始融化，當草開始冒出新芽，叉角羚迫不及待想繼續移動，追隨著春天的的綠芽，沿綠河河谷北行。

雖然這個地區大部分受到聯邦政府的保護，這些列入國家森林以及土地管理局的土地，過去曾出租作為牧地。但情況在過去 10 年有了急遽變化。派恩達以及鄰近的地區曾經是安靜的美國西部，偶爾有熱愛戶外運動、以及喜愛懷俄明原始傳統的人士造訪，

叉角羚 雖然是美國西部高地平原的代表，但生活在懷俄明州這一小塊地區的個體屈指可數。

叉角羚是北美洲速度最快的哺乳動物，牠們以小群的隊伍飛奔過懷俄明州草原，但數量遠比一個世紀前要少許多。

這些敏捷、如羚羊般的動物最適合在氣候乾燥的陸上跋涉，但牠們也擅於涉水。

如今卻變成開發豐富地下資源的公司聚集的聖地。現在，各家公司使用一種名為「水力壓裂」（fracking）的技術汲取天然氣，眾多天然氣的鑽塔任意突出在地平線上。

各項開發伴隨採礦熱潮而來，有愈來愈多的小型牧場和土地切割了動物的草原，中斷了遷移路線。野生動物保育協會的生物學家喬爾·伯格估計，在懷俄明的這個區域以及鄰接的蒙大拿州，叉角羚喪失了 78% 的遷移路線，原因多半是土地的切割。

叉角羚過去演化的土地上並沒有障礙物，牠們每年兩次穿越草原的路線已經成為牠們天性的一部分，不論住哪個方向，其實都是跟隨著祖先的腳步前進。牠們理解要去的地方是能「看得遠而且能跑得快」的，野生生物學家金·柏格解釋說。需要有極開闊的草原才能快速奔跑，但在懷俄明的這個角落，草原和這一小群羚羊同樣受到威脅。

土地的分割一年比一年更加零碎，但新的開發僅是問題的一部分。對叉角羚而言，最主要的危機可能是通過這個地區的主要道路——191 號公路。叉角羚跨越這條公路，歷經的危險如同非洲塞倫蓋蒂的牛羚通過遍布鱷魚的馬喇河。

而最危險的地方是一個自古以來的險阻：綠河以及紐佛克河的河岸將牠們的遷移路線縮窄至僅約 400 公尺寬。這個瓶頸被稱為「陷阱點」，幾千年來為路過的叉角羚帶來厄運。這裡出土了

叉角羚 在位於高地平原的家園面臨眾多威脅。車輛交通穿過牠們傳統的遷移路線（上），天然氣的開採（右）則侵占了牠們的棲地。

6000 年前遭宰殺的羚羊變成化石的骨頭，以及胚胎殘餘，證明美洲原住民獵人曾在這裡等待又角羚穿過這個隘口。

今日殺害羚羊的不再是弓箭，而是車輛。當數量從幾隻到十幾隻的一小群又角羚，在春天跟隨融化的雪線遷移北行時，奔馳的汽車使牠們喪命。母又角羚在前一季的秋天發情期懷孕。在通過愈來愈零碎的地貌，在經耕作、開發或有刺鐵絲網分割的土地上遷移的挑戰之外，這又增加了另一項負擔。

對又角羚來說，鐵絲柵欄可能是一項死亡陷阱，讓牠們無法掙脫。由於牠們不擅於跳躍障礙，除了少數情況，牠們唯一的選擇就是從有刺鐵絲圍籬下方通過。但即便是新發明、防止又角羚誤入的圍欄也無法保證牠們能安全通行。

牠們沿著格羅文特河與分支的小溪朝西北方持續遷移。如果又角羚能幸運克服汽車、圍欄、天氣，並橫越溪流，牠們會在春末的時候抵達安全的大提頓國家公園。那裡的高原草地以及深邃的森林沒有圍欄阻擾。大部分的母鹿會在公園內相對平靜的環境

尋找一片牠們可以生產的短草地，產下通常是雙胞胎的幼鹿。新生的又角羚具有不凡的特點——牠們幾乎沒有氣味，可以保護牠們不受郊狼及其他捕食者攻擊。牠們還有第二項生存優勢：牠們的母親會嚴密地保護牠們，趕走太過接近的草原狼。

儘管有母親保護，幼鹿的死亡率極高，在公園的某些地方僅有一成能存活。郊狼聲名狼藉，會捕捉許多年幼的又角羚，但是狼、截尾貓、甚至金鵰都會獵捕幼鹿。年幼的又角羚必須提高警醒，牠們在幾周之內就會自立，開始在母親身旁覓食。

公園裡高原草地的季節很短暫。懷俄明西北部的冬天來得又早又難以捉摸。在夏末之際，山上就可能降雪。在初秋的時候，一小群一小群的又角羚開始離開公園，登高越過山脈隘口，返回牠們位於派恩達以南的方山過冬。

牠們在春天時依循著退後的雪線向北行，但現在當牠們循著原路往南時，必須與即將來臨的大雪賽跑。如果大雪在較高的海拔追上了牠們，牠們可能會迷路。1993 年一群較晚遷移的又角羚

牧場的圍欄 對於不擅跳高的又角羚來說是一種無所不在的障礙。當牠試著從圍欄底下鑽過去時（對頁），可能會被纏入一個有刺鐵絲網布下的死亡陷阱（上）。

就遇到了這個情形。牠們被一場早降的雪給困住，後來沒能活著離開山區。

在一群為數只有 200 隻、正逐漸凋零的動物中，少數幾隻死亡都是大事。那些安全返回的叉角羚將會參與古老的發情期儀式，公叉角羚會監視並防禦牠們的領域，而雌叉角羚則會選擇基因組合有助於這一小群團體存續的雄性配偶。

如果一切順利，而且叉角羚捱過了懷俄明冬季無情的冷風及低溫，牠們將在明年再次踏上令人擔憂的遷徙。而如果一些環境保護人士能夠如願的話，這一小群意志堅決的倖存者將會有一條更容易通行的路線。

野生動物保育協會以及其他環保人士已經建議設立一條「國家遷徙廊道」以保護叉角羚的遷移路線。這條由喬爾・柏格發起的保護性廊道只有 1600 公尺寬、800 公尺長，而且大部分位於國有土地上。但有力團體仍然加以抵制。沒有這條廊道，大提頓的叉角羚幾乎注定會滅亡，這片被誇為永遠不會消失的廣闊西部草原上，叉角羚可能步美洲野牛的後塵，成為又一個只留下傳說的消逝歷史。

遠離人為設置的障礙，叉角羚可以在牠們向來通行的路線上遷徙（上），不過湍急的河流（右）有時會構成一項自然的挑戰。次頁：俄勒岡州的「哈特山國家羚羊保護區」，一隻叉角羚在薄暮中的剪影。

對於海象來說，冰就是生命。在阿拉斯加與俄羅斯的大陸棚海岸外散布的冰，就是太平洋海象的立足之地。牠們是呼吸氧氣的海洋哺乳動物，依賴海冰作為休息、產仔、哺育及遷徙的地方。因為全球暖化，這些冰正在消失。每年的遷徙逐漸變成一場與時間、距離、深度及災難競速的比賽。

冰上旅者

每年冬天，數以千計的這種龐大的動物會聚集在白令海北部。在這裡，攪動海水中養分的阿納底洋流，以及永遠在流動的浮冰能確保這些海象有良好的進食條件。牠們需要不連貫的冰構成的區域，這樣才有開放的空隙，讓盛行風將冰推開，產生「冰中湖」，也就是冰凍的海洋中沒有冰的湖泊。牠們在聖勞倫斯島的西南方找到了牠們需要的生活條件，以散布在這片淺海底部的蛤蜊為食。牠們來到這裡繁殖，並等待北極的冬天過去。

潛入水中八、九十公尺，牠們以後鰭肢掃過柔軟的沉積物，以牠們敏銳的頰鬚觸探底部，尋找海參、螃蟹、蟲子，以及牠們最愛的蛤蜊。為了吃到軟體動物柔軟的肉，牠們會把肉吸出來，或是用水把它們自殼中吹出來。1800 公斤重的公海象一天可以吃下超過 45 公斤的食物，而一頭 900 公斤重懷有身孕或正在哺乳的母海象甚至能吃更多。牠們進食過後留下的殼，以及牠們像犁田一樣掃過海底的動作會對海床生態系統有什麼樣的影響，科學家才剛開始著手研究。

當北極微弱的白晝稍稍變長，聖勞倫斯島附近的積冰開始融化時，海象們也準備展開前往邱克契海的長征。公海象集體行動，游向陸地並向北方移動。母海象通常等到 4 月才出發。此時牠們與其他母海象及小海象會組成育幼群待在浮冰上。這些年幼的海象出生於前一季，但在向北方漂移的歷程中，受孕的海象會產下另一代。牠們的懷孕期長達 15 個月，懷孕的母海象知道牠們需要提高警覺、多方設想，以幫助牠們的新生兒存活。約有兩年的時間，新生幼海象會緊跟在母親身邊，接受哺育並累積有助於生存的脂肪層。

海象的遷徙相當壯觀，當牠們向北漂移穿過白令海峽狹窄處，跨越北極圈並進入邱克契海時，牠們龐大、帶粉色的棕色身軀會把浮冰壓下去。浮冰必須要有足夠的密度，才能讓這些大型鰭足動物可以隨意爬上爬下，在遷徙途中潛入水中覓食。當牠們爬上浮冰時，牠們以象牙般的獠牙（可以生長到 90 公分的超長上犬齒）鉤住浮冰，然後用鰭足把自己帶上去。低溫的海水減緩了牠們的血液流動，使牠們的皮膚幾近蒼白，跟冰差不多。不過一但當牠們離開海水，並在日光下取暖時，血液的流動使牠們的皮膚再度呈現粉色。

對於仍在育幼的母親來說，每一次的潛水都是挑戰。在幼海

太平洋海象 極為適應所處的環境，牠的頰鬚可以用來感觸海底的食物，獠牙則適合用來打鬥，還能將牠拉上浮冰。

海象爬上多岩石的海岸抵達海邊的一個區域。喧鬧的繁殖季節開始前，牠們可以在那裡休息。

隨著愈來愈多海象抵達，在公海象開始尋找配偶之前，這些笨重的哺乳動物緊靠在一起，群居在一個多岩石的海灘上。

象出生後的頭幾天，母親會不斷觸碰牠，在潛水的時候將新生兒揹在背上。捕食者，特別是殺人鯨，還有靠近陸地時的北極熊，可能會利用任何空檔，抓走太靠近浮冰邊緣的幼海象，甚至弄翻或打裂小塊浮冰，讓幼海象從冰上掉下來。但捕食者並不是母海象唯一擔心的事。當幼海象長大，並更為獨立時，牠與其他幼海象會在海中玩耍，開始學習生存所需的技能。但牠可能因此與母親分開，在母海象潛入水中的時候漂走。

公海象則是什麼都不怕。即使位處最高階捕食者的北極熊，也不會直接挑戰一群公海象。所以當牠們抵達邱克契海時，公海象就會離開浮冰，爬到島上的海灘或沿岸邊。數千隻發出吼聲的海象成群結隊躺在一起，搭在彼此身上，偶而會有個別海象從團體中掙扎起身，潛入水中尋找食物。

在夏季上岸休息的這段期間，牠們會換毛，並長出新毛。公海象在每年的換毛期間也許可以打盹或停止進食，但母海象就沒有這種奢侈享受。由於牠們要哺乳幼象，即使在夏季的換毛過程中，牠們仍然必須持續潛水與進食並在冰上漂浮。

陸地對於幼海象來說比在浮冰上危險許多，所以育幼群較不喜歡上岸休息。但近年來，關乎幼海象生存的浮冰世界卻在逐漸消融。北極的夏季海冰在過去幾十年來急遽減少，尤其是在大陸棚的淺水海域附近。過去九年當中，邱克契海的大陸棚有六年呈現無冰狀態，有時為期一周，有時最多達兩個半月。這與過去典型的夏季大相逕庭。

在 1980 年代與 1990 年代大部分的時間裡，靠近岸邊的淺水海域總是有一些浮冰覆蓋。沒有了冰，海象育幼群面臨嚴酷的選擇。如果牠們留在冰上，牠們將漂到邱克契海的海盆，那裡的海水太深，牠們潛入水中仍然無法覓食。牠們將會被困在冰上，不能覓食也不能餵養幼海象。雖然海象的身體呈流線型，適合在水中生活，但牠們並不是敏捷的泳者，也不能游很長的距離。牠們在水中的時間有限制，早晚都必須上岸休息。基於這些限制，許多育幼群被迫選擇剩下唯一可行的方案——前往擠滿了公海象的海岸及島嶼海灘休息。

將體型小、尚未發育成熟的幼海象帶入每隻重達 1.4 到 1.8 公噸的公海象群中，恐怕就像把一隻沒有拴上鍊的吉娃娃帶到一場群眾大會。這些母海象及幼海象必須爬過一整片高低起伏的公

儘管牠們在陸地上顯得笨拙，海象卻是游泳好手（左、上右），在潛到海冰裂口下覓食的時候，則相當輕鬆自在（對頁）。

海象身軀。海象的身體並不適合爬行，這樣費力的活動會消耗許多熱量。公海象們雜亂交錯的象牙也是威脅，在有意或無意間造成傷害。越過這一大群身軀以找到相對安全的地點前，新來的海象們可能移動 800 公尺都碰不到地面。

海象的繁殖率是鰭足動物中最低的，母海象約每兩年才生產一次。在過去，由於母海象的悉心呵護，大多數的幼象可以存活至成年，壽命可達 40、甚至 60 年。但因全球暖化造成的改變，正嚴重威脅著幼海象的生存。

海象的滅絕令人不忍，但很可能對於北極圈的生態有深遠的影響。這些海洋哺乳動物以及牠們的攝食活動，對於海底的生態健康所扮演的角色可能極為關鍵。海象也是阿拉斯加的因紐特人傳統生活型態的關鍵種類。幾個世紀以來，他們都仰賴海象作為食物來源，牠們的毛皮則被用來覆蓋他們的船隻。甚至連動物的內臟也被善加利用作為雨具。每年冬天，當海象返回阿拉斯加時，因紐特獵人就在等著牠們。現在，回來的海象少了，海象數量的減少對於這個已經困難重重的文化又是另一重打擊。

地球上究竟還有多少太平洋海象，沒有確切答案。確認數量的調查已經展開，但海冰消失，意味著海象也消失了。沒有了浮冰，每年數以千計的海象穿過白令海峽向北漂浮的奇觀將不復見。

海冰是海象 至關重要的棲地（左），北極逐漸變暖，這種動物也逐漸消失。
一頭與母親分開的幼海象可能成為北極熊（上）輕鬆到手的一餐。
次頁：一頭幼海象騎在母象背上潛水到深處，之後與她在一塊浮冰上休息。

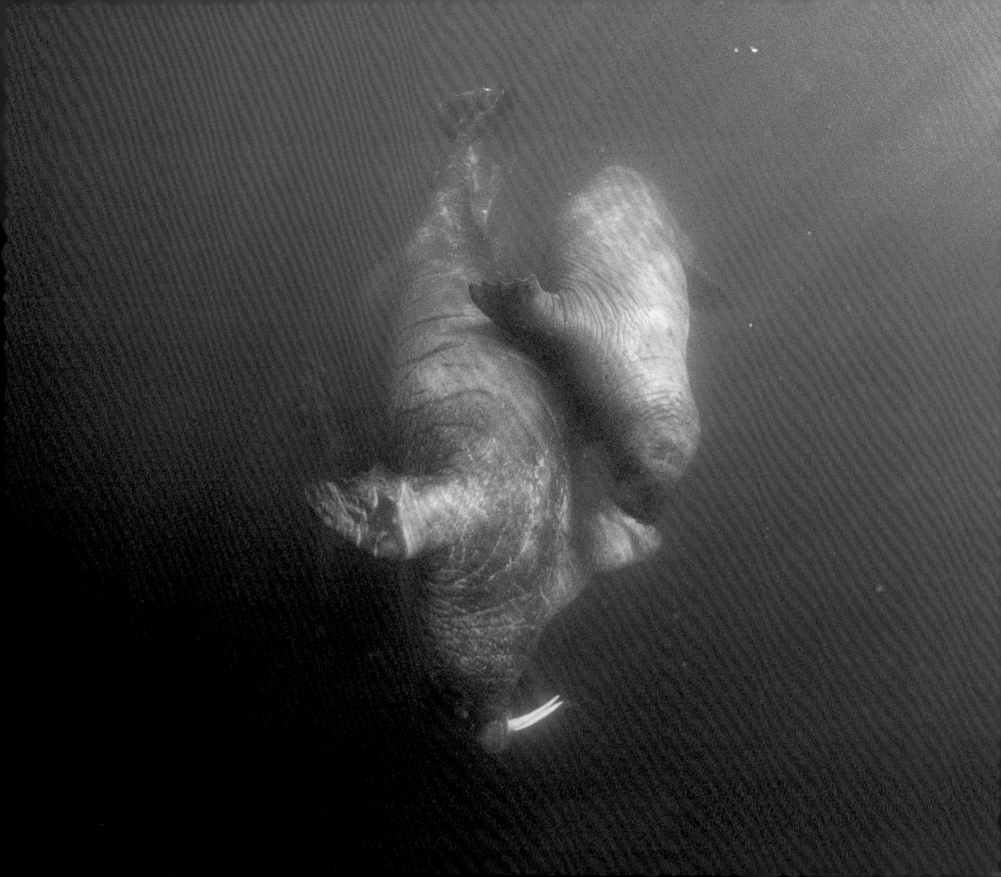

饗宴還是饑荒

對遷徙的動物來說，行程的安排取決於尋找食物。在饑荒時期，遷徙成了不得不的選擇。在馬利，原本群居北非的大批 **象群**，如今僅有少數倖存；牠們辛苦跋涉在撒哈拉沙漠南方荒瘠的薩赫勒，就是為了尋找食物和飲水。海洋世界中最龐大的捕食者 **大白鯊**，同樣面臨危機：為了搜尋食物，牠的遷徙路線將牠帶入險境。此時，在帛琉的一個小湖泊，**黃金水母** 這種奇特的海洋生物演化出每日遷徙的模式，既能確保食

FEAST OR FAMINE

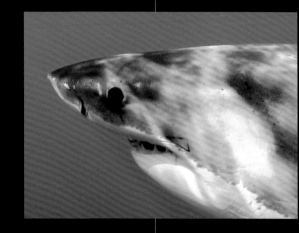

物無虞，又能遠離險境。

地球上最偉大的遷徙奇觀之一，出現在**密西西比河上游**：數百萬隻候鳥蓋滿了整片天空，其中有些鳥類是從滅絕邊緣倖存下來的品種。在這個危機四伏的世界，牠們的存在頌揚著堅韌與希望，期望未來一代又一代的遷徙者，能夠繼續飛越天際，遨遊海洋，縱橫大地。

如同令人喪膽的魚雷，牠們由海中深處竄出，引人無比想像。白鯊，或稱大白鯊，長久以來一直被認為是終極的捕食者。其實就像海洋世界中的許多其他生物，牠仍舊是一個謎團。這種有流線形身軀的大魚真是殘酷的殺手？牠們如何繁殖後代？又在哪裡？牠們漫游的領域，究竟在哪裡？這些問題至今大多未能獲得解答，然而拜現代追蹤技術之賜，最後一個問題已經有了部分解答。

徜徉大海

墨西哥海域中，有一小塊區域對大白鯊及牠的獵物來說都是聖地。那裡位於下加利福尼亞半島以西、溫帶與副熱帶交界處，也就是長 35 公里的瓜達魯普島的周圍海域。這片水域巨藻叢生，生活在礁岩的動物多采多姿，有鸚鵡魚、板機魚、翻車魨、蝴蝶魚，還有一群罕見的海洋哺乳動物。成群的海豚及領航鯨在島嶼海岸外躍出水面；至今鮮少有人目擊的小型柯氏喙鯨在深海穿梭；毛海豹在清澈的海水中迴旋；象鼻海豹往南歷經幾個月的海上遷徙後，也回到瓜達魯普島。對這些動物來說，這個火山島及沿岸不僅僅是牠們的繁殖地及蛻皮處。在過去，這個突出於廣闊海洋的一小堆石塊，曾經是這所有物種最後的避難所。

19 世紀以前，碩大、脂肪豐富的北方象鼻海豹仍出沒於北太平洋各處；到了 19 世紀初，牠們成為海豹獵人的誘人目標：海豹身上提煉出的油脂點亮了全球的油燈，龐大的利潤卻帶來大規模的海豹屠殺。到了 19 世紀末，全球估計僅剩下 100 隻象鼻海豹。

這批倖存的海豹便躲藏在瓜達魯普島海岸的岩塊間，設法避開了大多數的捕海豹船。即便如此，這些隱居的海豹偶爾還是會遭到獵人與博物館收藏人員的摧殘。儘管危機重重，這群頑強的海豹還是在瓜達魯普島上存活了下來。1922 年，墨西哥政府針對象鼻海豹頒發了正式保護令，並宣布瓜達魯普島為生物保護區，這也是第一批的保護區。如今，這個陡峭的岩石島嶼及洋流環繞的海域，都是受保護的生物圈保護區。

北方象鼻海豹因此成為早期保育成功案例的象徵。如今，超過 15 萬隻象鼻海豹再度漫遊於北太平洋，與大量獵捕前的數量相當。然而各國政府雖然能夠保護海豹免於人類獵殺，對於牠們

對任何大型海洋哺乳動物而言，一旦被出擊的白鯊鎖定，多半表示末日將屆——即便是墨西哥太平洋沿岸瓜達魯普島外的巨大海象也一樣。

白鯊常被稱作大白鯊，是海洋世界中的一方之霸，在海中悄悄游向獵物。

少有獵物能夠逃脫這個捕食者巨大的雙顎，就算是象鼻海豹這樣龐大的哺乳動物，遇上了飢腸轆轆的大白鯊，也免不了要少掉大塊的肉。

的天然捕食者卻束手無策,特別是最凶猛的海洋捕食者白鯊。

白鯊常稱作大白鯊,平均身長約 5 公尺,重達數公噸,出沒於全球溫帶與熱帶海域。各種迷思誤解,激發了大眾的想像力,而 1975 年的電影《大白鯊》使白鯊令人生畏的惡名更加不堪。然而,《大白鯊》的作者彼得・班區利在作品完成後,卻回過頭來否定自己的創作;他在死前經常讚揚牠們是了不起的動物。「現在我知道了,我所創造的神祕怪物,多半出自想像。」他這麼說。

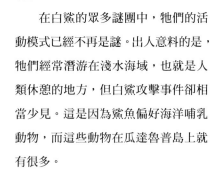

在白鯊的眾多謎團中,牠們的活動模式已經不再是謎。出人意料的是,牠們經常潛游在淺水海域,也就是人類休憩的地方,但白鯊攻擊事件卻相當少見。這是因為鯊魚偏好海洋哺乳動物,而這些動物在瓜達魯普島上就有很多。

鯊魚似乎知道,隨著冬季來臨,象鼻海豹便會南移,有些鯊魚甚至來到這個距離墨西哥海岸 240 公里的島嶼。對象鼻海豹來說,要從北太平洋遷徙到墨西哥海域,必須經過數月的長途海上之旅。牠們南移時會持續深潛,很少待在海面。

雄性的象鼻海豹因為有著大象般的長鼻,因而贏得「海中大象」的稱號。雄性的北方象鼻海豹首先抵達,牠們相當注重領域以及與雌性的交配權,這點和牠們在福克蘭群島沿岸繁殖的、體型較大的南方遠親很相似。牠們一面為了占地盤及統轄權你爭我

一隻北方象鼻海豹 露出白鯊留下的咬痕(上),
白鯊這一口咬下沒能使牠成為自己的一餐。
經過了長途遷徙後登上陸地,疲倦的海豹群(右)頭尾相連成堆睡在一起。

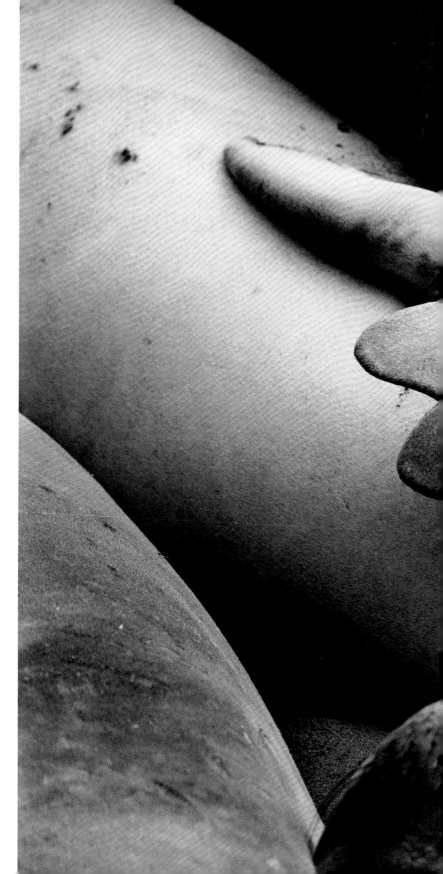

奪，一面等待雌海豹來臨。牠們龐大的身軀留有過往爭鬥的疤痕，有的皮表上出現白鯊啃咬後的傷疤，有些傷口甚至還很新，應該是遭到大白鯊攻擊不久。這些受傷的動物若能順利登陸，或許就能復原。能夠活到成年的海豹，顯然都學到了生存的教訓。

白鯊是一種設計精良的殺戮機器。牠和所有鯊魚及許多軟骨魚類一樣都具備第六感：這是來自名叫「勞倫氏壺腹」的器官。這些小囊袋有成束的感覺細胞作為電受器，連結到皮膚表面的小孔，能使大白鯊偵測到其他動物發出的電磁場。這些勞倫氏壺腹極為敏感，甚至能偵測到20億分之1伏特的電壓。這種驚人的偵測裝置只是大白鯊發現獵物的方法之一，牠還有敏銳的嗅覺。由於氣味在空氣中傳遞比在水中容易，白鯊甚至會把頭浮出水面聞獵物氣味。

如果獵物夠誘人，白鯊便會以牠強有力的尾巴推動身軀，在水中穿梭，展開獵殺。瓜達魯普島外海中對牠最具吸引力的獵物，似乎是油脂豐富的象鼻海豹。像鯊魚這樣效率高超的殺手，絕不會浪費精力。牠會潛游到獵物的後下方，將牠那長滿利齒的恐怖下顎向前推出，一口攫住獵物的後身。接下來牠不會和海豹纏鬥，而是靜靜等待獵物流血至死。一旦海豹斃命，鯊魚便再度出擊，咬住死掉的動物，用力往兩邊甩，以牠鋸齒般的牙齒扯下肉塊。這時，鯊魚再度展現身體高效率的優勢。牠的新陳代謝率相當低，花在游泳上的精力也很少。牠每次攝食可以吸收大量脂肪，吃一餐最多可以維持一個月。

隨著瓜達魯普島的交配季節來臨，雌海豹開始抵達，鯊魚進食的機會也增加了。雌海豹在海上遷徙的時間比雄海豹更久。當牠們抵達瓜達魯普島時，有些還是第一次抵達這個繁殖地。由於經驗不足，牠們便成為鯊魚及雄性象鼻海豹容易得手的目標。

隨著春天降臨，繁殖季節接近尾聲，海豹開始散離，再度往北遷徙到北太平洋。鯊魚也再度出發穿越太平洋盆地。牠們

在繁殖季節間，**成年與年幼**的象鼻海豹（對頁）上岸來到瓜達魯普島休息。海岸外不遠處，鯊魚（上）正伺機發動攻擊。

大多能順利抵達太平洋中，大約介於下加利福尼亞和夏威夷之間的一個未知地點。

蒙特雷灣水族館的研究員在 2002 年發現這個海洋中的聚集點，並稱之為「白鯊餐廳」。他們以衛星追蹤監視鯊魚的行蹤，發現太平洋海盆中被戴上標籤的雄鯊、雌鯊及幼鯊全都長途跋涉回到這個「餐廳」。抵達後牠們就開始四處巡游，下潛至 300 公尺。海底深處有何奧妙，這些動物又為何群聚在鯊魚餐廳，則是另一個未解的祕密。

唯一能確定的是，白鯊是頂尖捕食者，而且牠正從海洋中消失。據估計，全球數量在過去 50 年間下降了約 60% 至 90%；然而，白鯊真正的數量及實際減少了多少都還有待確認。

鯊魚成長速度緩慢，繁殖力低，使得數量恢復更加困難。國際自然保育聯盟已將牠列為易危物種。儘管許多海域明令禁止，非法獵捕白鯊的情形仍然存在，而混獲（為捕捉其他漁獲而波及白鯊）及棲地喪失，使牠們的處境更加艱難。

這些非比尋常的魚類對人類少有威脅，現在卻面臨滅絕的危機。而在環環相扣的海洋環境中，頂尖捕食者的消失，必定會造成嚴重的後果。

一隻白鯊 劃過海面，海鷗搜尋著鯊魚吃剩的獵物殘屑（上）。
成群的西美鷗成鳥及幼鳥正搜尋著海面上被鳥群驚動的小魚。
次頁：墨西哥瓜達魯普島海岸外，白鯊正在尋找獵物。

馬利中北部，撒哈拉的沙之海不斷拍打著薩赫勒（sahel），這是非洲炎陽下的一片乾枯荒地。這裡的雨量稀少，邊界隨著沙丘的改變而有不同，白天的氣溫經常可達攝氏 49 度。就在這裡，最後的沙漠象藉著不斷遷徙而設法存活了下來。牠們每年進行長達 480 公里的巡迴遷徙——這是已知大象遷徙距離中最長的。牠們學會了比氣候撐得更久，悠久的記憶帶著牠們從一處水源地走到另一處。然而，隨著氣候更加無常，人類對土地與水的需求日益增加，這些沙漠的游牧民族面臨了更加不確定的命運。

徘徊生存邊緣

過去整個非洲遍布著大象，從南端的好望角到地中海沿岸。直到 19 世紀末，西非仍有不少的個體。但到了下個世紀，大象這種地球上現存最大的陸上動物所需的領域，卻急遽縮減。在薩赫勒，由於人口增長了五倍，大象的領域更是縮減到極小的比例。如今在這片脆弱的「岸邊」（薩赫勒在阿拉伯文中的意思），有 4000 萬人設法餬口，而僅存約 350 到 450 頭的沙漠象群，必須居住在人類與他們的牛群、羊群之間，共用著水、糧食及空間，而這些資源在非洲的一角正不斷減少。這個角落便是古爾馬地區，位於通波克土以南的一片淺窪地，那兒的灌木叢和零星的樹林為沙原和沙丘帶來了少許的綠地。即便在無止盡的乾季，這裡的溼地及水道也能帶來溼氣。乾季剛開始時，通波克土的大象會聚集在棲地北端的沼澤。雄象通常獨來獨往，依照各自的步調尋找水源及食物。雌象及幼象組成的家族則緊密聚在一起，彼此的距離很少超過幾公尺。牠們排成縱隊，跟隨著雌象首領的步調，沿水道及遮蔭的密灌叢緩步前行。

雌象首領的年齡越大，家族就越好過。因為較有經驗的雌象更清楚如何有效帶領象群，知道如何保護新生兒及幼象度過必須依賴保護的漫長童年。幼象在出生一小時內便能站立，但牠們仍舊緊跟著母親，仰賴她的照顧，在她龐大的身軀下得到庇護。接下來的幾年，牠們依靠母親及家族中其他雌象的照顧。就連稍長

馬利的大象 行經不毛的薩赫勒，牠們每年長達 480 公里的巡迴遷徙，與沙漠中季節性的水源變化有密切連結。

綿延的乾涸河床與滿布塵土、受侵蝕的支流遺跡，正是馬利貧瘠沙漠的象徵。過度放牧使得這塊土地多半都喪失了生產力。

馬利的象群必須在荒瘠的薩赫勒區持續遷徙，永不止息，才能找到足夠的食物與飲水。

的小象也會充當「阿姨」，協助照顧幼象，教導牠們如何在嚴酷的馬利沙漠中生存。

泥巴的好處與危險，值得盡早學習。在巧克力色的液體中打滾，不僅為了享樂，更是用來冷卻體溫、遮蔽陽光、去除惱人寄生蟲的重要方法。不過泥巴也可能成為滑溜的陷阱，讓沒經驗的幼象陷入水池。當狀況發生時，雌象家族成員就會圍在幼象身邊，輕柔地引導牠脫離淤泥。

一旦象群中其他成員陷入困境，雌象通常會快速趕去救援。牠們流露出情感，善於溝通，經常彼此碰觸和互相呼喊。牠們的聽力敏銳，能聽見遠低於人類耳朵所能聽見的分貝數；牠們自己發出的低頻吼叫，連數公里外的大象也能聽見。牠們敏銳的感官也能夠偵測到其他大象從地面傳來的震波，警告牠們有其他家族或雄象來臨。

雌象在發情期間，會發出有力的吼叫聲，雄象即便在數公里外都能聽見。雌象偏好的交配對象，是同樣處於發情期的成熟雄象。發情的雄象本身便處於性興奮時期，因此交配幾乎一定會成功。雌象受孕後，懷胎會長達 22 個月之久。她要再度受孕總共得再等上四年。因此，每隻幼象的誕生都是家族存亡的關鍵。就馬利象的情況而言，則關係到整個象群的存亡。

隨著乾季持續下去，水和糧草愈來愈少，而當牠們被迫長途跋涉、尋找食糧時，最辛苦的便是幼象。現在，大象家族和雄象都開始朝西前進，快速邁向即便在最惡劣的乾季都保證有水的地點——班吉納湖。

薩赫勒的班吉納湖一直是所有生命的綠洲。這裡的土亞瑞人和福拉尼人也經常造訪班吉納湖，在湖岸放牧及餵食家畜。近年來，過度放牧使湖岸的土地荒瘠，風吹沙和塵土則使湖水淤塞。湖泊周圍的草原上，樹木與灌叢愈來愈少，使象群可吃的草料也減少，用來遮蔽白天烈日的地方也是如此。枯死的樹幹，稱為「樹林墳場」，正是氣候模式變遷及人類摧殘這片土地的證據。

數百年來，土亞瑞人和福拉尼人在他們的年度遷徙時，會在古爾馬到處移動，但兩者都與象群相安無事。就和象群一樣，他

雌象首領帶領著家族 裡的雌象及幼象，不停尋找食物（對頁）。象群在水中沐浴、飲水，享受清涼的歇息片刻（上左）。成年雌象守護著幼象，以免牠們陷進泥坑中（上右）。次頁：一場大規模的沙塵暴席捲薩赫勒地區。

們是逐水草而居的游牧民族，靠飼養動物生存。他們也知道雌象首領會帶著象群找到水源，因此有時也會跟隨這些大型動物的遷徙路線。但自從 1970 年代起，這些游牧民族愈來愈趨向定居，新的生活模式改變了薩赫勒自古以來的平衡。他們的村莊靠近水源，而他們願不願意與象群分享水源，完全取決於降雨有多少。

一般說來，雲層約在 5 月或 6 月聚集，但近來薩赫勒已經沒有所謂的一般情況了，因為氣候的改變及森林除伐，已經擾亂了原本可以預期的模式。沙塵暴宛如沙的龍捲風，經常在降雨之前來襲，旱災持續構成威脅。2002 年，古爾馬創下 50 年來最低降雨量，但次年卻出現 1965 年來最高的降雨量。2009 年，乾旱再度降臨這片土地，是四分之一世紀以來最嚴重的一次。連班吉納湖都乾枯了，只留下幾處泥塘，躺著死去的牲口和垂死掙扎的魚。當地政府搭設的兩處抽水機，僅能供給少量的水，卻必須分給牧人的牲口和馬利的象群。牲口優先，有幾隻大象死於乾旱，然而這群逐漸減少的大象中，大多數成員竟然都存活了下來。

不管在哪一年，當雨水終於落在褪色的大地，讓牠們得以自由旅行時，象群便立刻展開行動，全部往南朝溼季的攝食場出發。象群的遷徙路線會經過空曠地，但如今這些地方出現大

一隻幼象 緊緊跟著母親，完全不擔心會被踩到（上）。
當象群往前挺進，其中兩隻對彼此的興趣似乎比踏上旅程更高。

約 200 個新聚落，這不但使牠們的棲地更擁擠，也阻擋了牠們往南找水的直接路線。聚落構成了許多「瓶頸」，也就是狹窄的廊道，象群必須小心通過才能繼續遷徙。牠們必須經過「大象門」（La Porte des Éléphants），這是甘達米雅崖區少數未被人類聚落阻礙的缺口，也是引領牠們前往南方綠地的重要通道。牠們能多快抵達博尼的豐盛草原，將是決定象群存亡的關鍵。

牠們能夠存活下來嗎？馬利象的前景相當不樂觀。由首屈一指的大象科學家漢彌頓・道格拉斯・伊安所創立的非營利組織「拯救大象」發出警告，由於氣候變化、牲口及人類其他活動使得棲地惡化，這些北方象極可能在十餘年間滅絕。在近來的幾次乾旱中，道格拉斯都設法為象群提供緊急水源。但是他和其他保育人士知道，象群的命運掌握在馬利人手中。馬利人一向敬重大象，甚至還有流行

歌曲以牠們為主題，而古爾馬區的土亞瑞人、福拉尼人和其他原住民，也一向與這些龐大的伙伴分享土地。但如今人口日益增加、資源逐漸稀少，要拯救通波克土的大象，人類對於這種伙伴關係可能更需要為另一方設想了。

一大群的大象家族 在乾燥的疏林草原上歷經漫長旅途，最後終於抵達溼地綠洲（上）。雲層和雨水通常在 5 月或 6 月降臨，澆灌枯焦的大地，帶來攸關象群存亡的溼季植被。

馬利象在薩赫勒 乾枯的土地上走過許多里路後，抵達了這個夢寐以求的水池。象群在此享受泥巴浴，滋潤乾燥的皮膚。

母象和象群裡的其他成象會密切注意年幼的小象，因為在黏滑的泥巴裡，牠們有時會需要幫忙才能站起來。

水母湖，一個漂浮似幻的原始夢境。湖名來自這裡美麗的無腦生物——黃金水母。這些小生物本身就是個奇蹟：牠們與體內攜帶的水藻共生。為了悉心照顧水藻，牠們的遷徙追隨著每天的陽光，一方面餵養體內的乘客，同時也確保自己能存活。

生命之光

牠們以湖為家，這裡可以比喻為一個物種繁多的培養皿，但從地質上來說相對還相當新。水母湖形成於 1 萬 2000 年到 1 萬 5000 年前，當時冰河消融，海平面上升，帛琉數個島嶼上的石灰岩窪地裡注入了海水。這些海水湖於是自成獨立的世界，只有偶爾來自附近潟湖的潮流透過石灰岩隧道滲入其中。

「每個鹽湖都是食物網絡構成的獨特大自然實驗，其中有許多相互依存的不同生命形式。」珊瑚礁研究基金會表示。在艾爾莫克島上的這個湖泊裡，出現了一種地球上絕無僅有的奇特生物，那就是黃金水母（*Mastigias papua etpisoni*）。

如同其他刺絲胞動物門的動物，黃金水母是一種構造簡單的生物，沒有腦，只有基本的神經系統，或稱「神經網」。牠們在海水湖封閉而獨特的世界中演化，逐漸適應了湖泊及熱帶環境的生存條件及陽光、豐沛的雨水、避風處、恆定的溫度，最重要的是湖裡像海藻的共生藻。共生藻是一種奇特的單細胞生物，在宿主體內與宿主共生。在其他海洋環境中，共生藻是珊瑚、海綿及大蛤的食物，但在這裡，牠們與黃金水母建立起伙伴關係。共生藻的食物是陽光，會行光合作用，牠們的分泌物提供了水母存活所需養分的四分之三，另外四分之一，牠們會從湖水中的浮游生物來攝取。水母的回報就是擔任共生藻的腳夫，每天載著牠們在這 500 公尺長的湖中各處游動。

每天當黎明將至，黃金水母便展開上升之旅，水母的數目每年不同、最多可達 1000 萬隻。牠們每日的遷徙，是靠著收縮腹部將水排出，藉由噴射推進力把身體往上推。當水母抵達湖面時，會緊密地集中在 Ongeim'l Tketau（這座湖的帛琉語名稱）西端。到了大約早上 6 點，熱帶的太陽準時升起，陽光照在湖泊東端，水母便開始朝那個方向賣力游動，使湖泊另一端閃耀著牠們的金色身影。

到了那裡，水母便開始旋轉身體，好讓體內攜帶的共生藻能夠沐浴在早晨的陽光中。除此之外，水母的游動只不過像在到處亂逛，牠們會避開湖岸樹下的陰影，不只是因為那裡欠缺陽

帛琉的黃金水母 之所以有黃金之名，是來自寄宿在牠體內、如海藻般的單細胞生物：共生藻。共生藻能帶給水母生存所需的能量。

帛琉的黃金水母每日遷徙到陽光照耀的湖水表層，幫助水母體內類似海藻的生物將陽光轉化為水母所需的能量。

到了晚上，水母再度啟程返回湖中深處，吸收只有在下層湖水才有的必要化學物質。

光，更為了避開岸邊的捕食者。

　　水母的近親海葵，在海流中揮舞著彷彿無害的觸手，希望捕到一隻行蹤飄忽的水母當大餐。這些以水母為食的海葵，是水母的最大威脅。有些水母會落入敵手，但數百萬水母大部分都平安渡過這一天。牠們等待太陽繞過頭頂滑向西方，之後再度橫越湖面，回到早晨聚集的地方，好讓寄居的藻類能夠得到陽光，時間越長越好。

　　據科學家麥可‧道森及約翰‧達比利說，牠們也可能在做「生物攪拌」——意思是攪動湖水、製造亂流，揚起湖水中的養分，把所需的浮游生物帶到牠們的刺人觸手可及之處。「生物攪拌可能是水母的一種生態工法。」道森說。他和達比利甚至開始研究各地的水母在河流、湖泊和海洋中所製造的亂流，對洋流及食物鏈中重要養分及化學成分的流動會造成何種影響。

　　隨著暗影籠罩湖面，水母不再有光線引導牠們在湖面的行動，因此牠們開始了每晚垂直下潛的旅程。

　　就和帛琉群島的其他海水湖一樣，黃金水母的家鄉是個罕見的多層次世界。湖面上層充滿氧氣，水母便在此興盛繁衍。但他們每夜會下潛約 14 公尺。牠們會潛到湖泊化學成分的明顯區隔

帛琉是位於西北太平洋的熱帶島嶼，有一連串蒼翠茂盛的島嶼及潟湖（左）。水母湖（上）是其中一個生態瑰寶，數百萬隻黃金水母以這個獨特的生態系統為家。

處，也就是化變層（chemocline）。越過這一層，湖水就變得缺氧。在化變層的頂端，浮著一層藉由光合作用維生的濃密紫色硫磺菌。它們好像湖泊下層上方的一層毯子，吸收所有鑽下來的陽光。

化變層底下的黑暗區域，是由硫化氫、氨和磷酸組成的化學大雜燴。前往浮潛的遊客，都會被告誡不要到這個有毒的深度。水母則憑著本能就知道不可以越過化變層，而牠的藻類伙伴也可在此吸收必要的養分。

1997、1998 年間，黃金水母的共生藻突然大量死亡。科學家猜測，原因可能是聖嬰現象，使水溫提高到共生藻無法忍受的程度。沒了藻類，黃金水母也從水母湖中完全消失；但一年半後，牠們又回來了，這是因為水母生命循環中的早期階段：水螅體，在溫度變遷中存活了下來，等到湖水再度冷卻，牠們能夠再度繁衍。2005年，水母數量創下紀錄，3000 萬隻水母將湖水染成了金色。牠們再度在水母湖中，展開上上下下、橫跨湖面的每日遷徙。

牠們對湖泊的重要性、是否如同共生藻對牠們那樣呢？「真正的問題，」麥可・道森說，「在於究竟是湖泊使水母生存下來……還是水母在維繫著湖泊？」

海葵 是黃金水母的主要敵人。牠們的觸手隨時保持驚覺，準備捕捉獵物，水母只要游到觸手範圍內就難逃厄運（上、右）。次頁：水母展開每晚的旅程，以餵食共生在牠體內的微小生物。

偉大的自然學家阿爾多・李奧帕德這麼寫著:「一燕不成夏。但當一群野鵝穿過陰鬱的三月融冰,便是春天來了。」在他居住的美國中西部,蜿蜒於地表的密西西比河上游有如一條鳥類公路,龐大的鳥隊隨著季節南北遷徙,使天空中充滿著雁鳴、長嚎及振翅聲。

改變之風

美洲大陸遷徙的水鳥及岸鳥,約 40% 會取道這條廊道。這裡沒有山脈阻礙牠們的飛行路徑,而河流本身有如開放的高速公路,指引著遷徙者前往遙遠的目的地。在北極圈內高緯度地區到南美最南端之間,鳥類來來去去,牠們有時會偏離河道,有時則充分利用河流富饒的資源——河道中小島的樹林、低淺的迴水,以及提供絕佳捕食位置或築巢地點的高崖。這崎嶇的地形不曾受冰河或冰積物改變,這些崎嶇的高崖是被稱為「無磧區」的古代高原,因為密西西比河歷年侵蝕而鑿出這崎嶇的地形。

直到 20 世紀初期,密西西比河依舊自由流經無磧區,穿過瀑布與急流,最後注入墨西哥灣。但到了 1930 年代,為了方便船運,陸軍工程師開始建築水壩和水閘,試圖減緩密西西比河上游的水流。出人意料之外,這些水壩成了白頭海鵰的恩賜:因為在食物匱乏的寒季,被水壩的強烈水流擊昏的魚類,成了唾手可得的獵物。同時水壩也使部分河道免於結冰。到了 2 月,隨著北

方融雪而北移的老鷹也加入本地白頭海鵰的行列,牠們乘著上升暖氣流翱翔,獵取河上豐富的食物。

白頭海鵰是美國的官方象徵,牠們一度遍布全美各地,但到了 20 世紀,便因為獵殺與 DDT 殺蟲劑的濫用而大量滅絕。在 20 世紀初,某些州甚至有人懸賞這種國鳥的頭,因為牠的捕食本能與人類的利益起了衝突。

到了 1930 年代末期,保育人士認為白頭海鵰的生存危在旦夕,因此展開抵制獵捕這種強大捕食者的抗爭,1940 年國會通過了「白頭海鵰保護法」;1972 年,美國禁止使用 DDT 作為農業殺蟲劑。科學家後來發現,DDT 不僅影響成鵰的生殖力,更減低了蛋的存活率,因為蛋殼會變得太薄而無法度過孵育期。將近 40 年後的今天,白頭海鵰的數量據估計已大幅增加到了 30 萬隻。

詩人濟慈寫道:「老鷹似乎張著雙翼,在空中安睡。」牠們在空中盤旋、扶搖而上的景象令人難忘,牠們展開寬大的雙翼,

每年兩次,當鳥類在度冬處及繁殖地之間遷徙時,每天都有數量龐大的鳥群飛過密西西比遷徙路線,形成壯觀的生命景象。

牠們現在或許只是遷移到鄰近的湖泊或河流過夜，但是在春季的某一天，牠們會展開往北的長途遷徙，前往繁殖地。

使牠們不費什麼力氣便藉由上升的暖氣流急速攀升。

春天時，白頭海鵰會沿著密西西比空中走廊，隨著這條河或其支流密蘇里河北行，前往牠們在加拿大的繁殖地。一般來說，牠們會在上午展開旅程，因為這時牠們可以毫不費力乘上暖氣流。如果沒有暖氣流或因為河岸斷崖阻擋造成的上升氣流，牠們就必須拍動翅膀，那可是既笨重又非常費力。

老鷹在春天會加快動作，為的是在爭奪伴侶時能取得先機，同時在繁殖地搶到築巢的位置。春季多變的氣流有助於牠們飛行，而周遭仍是冰封的景象。

牠們獵食的魚被冰給封住了，白頭海鵰可能連續好幾天都不進食。但隨著寒凍逐漸緩和，河上的冰雪開始消融，鯡魚和其他魚類的屍體浮上河面——這是密西西比河上游食腐性鷹類季節性的盛宴。即便河裡一時沒有老鷹喜好的魚類，但隨著春天的腳步接近，河流終將充滿遷徙的水鳥和其他鳥類，還有牠們的雛鳥，可以任由白頭海鵰挑選。

聒噪的綠頭鴨是最早抵達美國中西部的遷徙者之一。這種處處可見的水鳥非常隨遇而安，能夠習慣各種環境與氣候，這使牠們成為美洲數量最多的水鴨。綠頭鴨也可以長期定居，從不遷徙，在田地或甚至郊區的後院中築巢；但許多綠頭鴨還是

白頭海鵰 在春天沿著密西西比河的空中走廊遷徙，前往美國北部及加拿大的繁殖地，牠們發現了充足的食物來源，偶爾還會有渡鴉來參與盛宴（左與上）。

會在深冬展翅離開。牠們乘著順風，尋找融雪的地方以及北方的開放水域築巢。有些綠頭鴨會一直飛到阿拉斯加才築巢，但有些只要找到有遮蔽的地面巢穴、充足的食物和水，就會停留。

公綠頭鴨和母綠頭鴨之間的求偶儀式，通常早在鴨群抵達築巢地之前就已經展開。母鴨若是受到公鴨芭蕾舞般的游泳儀式所吸引，很可能早在前一個秋天就選好了伴侶。或者她也可能在往北遷徙途中做選擇，用她的喙部去碰觸公鴨。

有些母鴨為了試探可能的伴侶，甚至會耍一些賣弄風情的把戲：她們一邊游泳一邊展示自己，鼓勵公鴨跟隨她們，然後等到一群追求者追上來時，再迎向她原先選好的伴侶。母鴨不連貫的叫聲會刺激她的愛人攻擊其他追求者。兩隻公鴨伸長有如註冊商標般的亮綠色頭部，展示自己的威風，互不相讓。

綠頭鴨並非唯一想找尋伴侶的鳥類。隨著春天展開，密西西比河上游愈來愈溫暖，後到的遷徙者也陸續開始築巢。遊隼

是自然世界中最有天分的獵人之一，牠們在河岸峭壁上找到了築巢的好地點，也發現河流環境是豐富的獵場。

世界各地都有遊隼的蹤跡，這從牠的名字便可一窺一二，因為「遊」代表「漫遊者」。牠們是高超的飛行員，是全世界能夠遷徙最遠距離的鳥類之一；牠們每年從位於北極凍原的夏天繁殖地飛行到南美洲的非繁殖地，歷經 2 萬 5000 公里飛行。

遊隼是另一個成功的保育故事。和白頭海鵰一樣，遊隼在 20 世紀中期一度因 DDT 殺蟲劑而大量減少，1970 年代後期才恢復以往的數量。雖然遊隼並未直接攝取到毒物，但化學物質卻滲入了食物鏈，嚴重阻礙了牠們的生育率。多數的遊隼不能生出可以發育的幼鳥，直到殺蟲劑遭禁用的幾年後才改變。

到了 20 世紀末，遊隼數量大幅回升，主要歸功於科學家、養鷹人，以及其他因為仰慕這種鳥類而開始人工培育、以確保牠能夠永續生存的人們。對於人工飼養後野放的遊隼，人們會

沿著密西西比遷徙路線飛行的水鳥有數百萬隻，色彩鮮麗的北美鴛鴦（上左）及綠頭鴨（上中與上右）是其中兩種。春天時，飛往北方的繁殖地的龐大綠頭鴨群（對頁）。次頁：在路易斯安那州查爾斯湖附近，一對綠頭鴨正在柏木沼澤地游泳。

遊隼會鎖定目標，像一枚炸彈從空中俯衝而下。曾有人測量到牠們以 320 公里的時速衝向飛行中的鳥兒，再以蜷緊的爪子把獵物擊昏。遊隼比較不擅長追蹤飛行高度與牠相同的獵物，這時獵物比較有機會逃脫。遊隼也很少攻擊水上的鳥類，因此聚集在密西西比河上游的鴨類，只要牠們不是在飛行，就相對比較安全。如果飛行中的鴨子被遊隼盯上，牠通常會故意掉入水中，保護自己免受攻擊。

不管遊隼獵到什麼獵物，牠都會和幼鳥分享。通常一窩雛鳥有三到五隻，雛鳥拉長的哀叫聲會促使雙親不斷尋找食物。幼鳥在兩、三個月大時羽翼逐漸豐滿，可以開始自行獵食。但在此之前，父母對牠們極為保護，對於雛鳥或卵的任何潛在威脅，都會遭到激烈報復，牠們甚至會把誤闖自己領域的白頭海鵰給趕走。

初夏時分，在密西西比河上游被水壩攔阻的水域上方，蜉蝣開始孵化了。這些朝生暮死的昆蟲如黑雲般成團聚集，在河面上飛舞。沿岸的居民對牠們大為反感，但鳴禽卻非常歡迎，因為有機會飽食一頓為時短暫的饗宴。尚未成熟的蜉蝣若蟲在水下生活長達兩年，甚至更久，以其他水生昆蟲、藻類和浮游生物為食，牠自己則是魚類的食物。等到時機恰當，若蟲就會游到水面，或爬到附近的石塊或植物上。牠們通常在幾分鐘內就會蛻變成有翅膀的亞成蟲，接著

持續供給牠們食物，直到牠們學會自行覓食。有些遊隼被釋放到郊區，某些城市的遊隼數量因此開始成長；都市中的摩天大樓和高架橋的梁柱，逐漸取代了遊隼在野外作為築巢地及狩獵場的天然峭壁。

如今在美洲大陸上，到處都可見到遊隼，有些屬於遷徙的候鳥，有些則終年定居一地。遷徙的遊隼擁有驚人的返家直覺，牠們甚至能夠返回從前好幾代使用過的鷹巢。鳥類學家發現，其中有些巢穴被世代相連的遊隼持續使用了好幾百年。

在密西西比河上游，動物配偶在河岸的壁岩及洞穴上找到了絕佳的築巢地。比雌隼體型小許多的雄隼會先行抵達，接著使出渾身解數來求偶，在築巢地的峭壁上表演驚人的俯衝絕技。一旦選定伴侶，雌隼便會在峭壁上選擇築巢地點。在這個制高點，這對伴侶對於下方的動靜都能夠一目了然。對於在河上進行季節遷徙的大批候鳥，這些猛禽向來會善用機會好好捕食。

遊隼 不僅是厲害的獵人，而且英姿勃勃。牠的頭部有顯著的紋路，彷彿戴著一頂黑色頭盔（對頁）。毛茸茸的白色遊隼幼鳥（上左及右）看來相當可愛，完全看不出有朝一日將成為快速俯衝的猛禽。

再蛻變為成蟲。這些剛飛上天的昆蟲聚集數量如此龐大，甚至會短暫出現在全國氣象雷達上。

一旦蜉蝣離開河水，就只剩下一項任務需要完成——在牠們殘餘的生命裡完成交配。剩下的時間很短，一天或最多兩天（蜉蝣目學名為 Ephemeroptera，意思是「短命的翅膀」）。卵一旦受了精，雌蟲就把卵產在水上，然後死去。近年來，密西西比河上游的蜉蝣數量暴增，這其實象徵了河水擁有健康的生態。

此外，還有其他跡象。水鳥的數量一度衰減，如今再度滿布天空，並以密西西比河谷為遷徙路線的中途點。加拿大雁以獨特的 V 字隊形飛越春天黃昏的天際，牠們的鳴叫聲捎來季節變遷的消息。雁群其實是由個別的雁、家族成員，以及終身為伴的配偶所組成。這些飛越密西西比河上游的龐大棕色身軀，與前往凍原繁殖的雪白色雪雁或小天鵝並行。

就像所有春季的遷徙者，加拿大雁也急著趕路。牠們乘著往北的高氣壓系統，可以輕快飛往加拿大和阿拉斯加的繁殖地。就像其他遷徙者，有些加拿大雁也在密西西比河上游找到了所需的一切而安居下來，築起用羽毛鑲邊的雁巢，安頓五到七個一窩的卵。

新孵化的雛雁是天生的泳者。牠們一生下來就被帶到水邊，通常排成一直線，一位父母在前，另一位在後。牠們開始為日後的遷徙作準備，進食

幾乎不曾間斷，吃的是水生植物及河底的養分。這些雁鳥也會充分利用作物成熟的農地，也因此成了農夫的眼中釘。但是到了夏末，就算是定居的雁鳥也會開始飛往北方去換毛，即便只是很短的距離。接下來就到了飛往南方度冬的時候。

雖然這個位於北美大陸中央的地點不應該是紅嘴鵜鶘的固有棲地，仍可以見到成群的紅嘴鵜鶘滑降下來，笨拙地降落。牠們要前往內陸湖泊及平原，在有著數百甚至數千隻鳥兒嘈雜聚集的地點繁殖，而這裡則是牠們的中途點。隨著秋季來臨，這些又大又重的鳥類在返回密西西比河下游及墨西哥灣的海灣及河口途中將再度來臨。

到了秋天，河流與湖泊開始結冰，寒凍將把所有遷徙的候鳥趕往南方。如今沒有了迫切的繁殖需求，牠們會比較從容地往度冬處飛去，再次於天際與河流上空展現這偉大的遷徙奇景——

蜉蝣的一生，是個對比強烈的例子。牠們的若蟲在水中潛伏長達兩年，但成蟲（上右）從浮出水面、交配到死亡，卻只有一天到兩天的時間。對於密西西比河上游流域與湖泊的青蛙（上左）及遷徙中的鳴禽來說，牠們是超級豐富的食物來源。

從鵜鶘及雁鳥龐大的身軀，到豐滿灰黑的美洲大鵰，而後者是白頭海鵰與遊隼輕鬆到手的獵物。數量龐大的加拿大鶴，隨著白天的熱氣流以高貴的姿態滑翔，有時還會像秋天的雲，飄浮在地平線上，並且在每年兩次的遷徙時發出長嚎。加拿大鶴屬於地球上最古老的鳥類之一，牠們的化石可追溯到 900 萬年前，可說證明候鳥在地球上歷史悠遠而且持久。

換個角度來看，密西西比河上游的鳥類奇觀是時代改變及管理進步的象徵。如今在這條為時短暫的公路上遷徙的許多鳥類，在前一個世紀慘遭獵捕和毒害——不論有意或無意間。1900 年代初期，巨大的加拿大雁（*Branta canadensis maxima*）幾乎全部滅絕，如今其數量之多，甚至可能對城市居民及農民造成嚴重妨害。在 1940 年，加拿大鶴（*Grus canadensis tabida*）幾乎從牠們廣大的繁殖區裡被消滅殆盡；同年，美國國會頒布了「白頭海鵰保護法」，這是早期開明的保育措施。然而，老鷹和遊隼的數量，還有其他許多候鳥，仍舊持續快速下跌。

到了 1960 年代，美洲大陸許多鳥類幾乎要消失了，一位曾在政府任職的生物學家警告，要小心「寂靜的春天」來臨。瑞秋‧卡森在 1962 年出版的《寂靜的春天》是開創先河的經典之

紅嘴鵜鶘（上與右）是密西西比遷徙路線中最大的鳥類之一。牠們平均重約 7 公斤，依靠翼展長度 275 公分的翅膀帶牠們上到高空。牠們採用一種奇特的捕魚法：大夥合作將魚兒趕到小範圍內，這樣更加容易捕食。

作，也成為環保運動初期的啟蒙書。她在書中描述，1940 年代大量製造的人造化學品，已經「成為駭人的洪水……每天注入全國的水道。」她說這些污染物同樣滲入了地下水。《寂靜的春天》最後一章是：「我們正站在兩條路的分叉口」。

如果我們人類希望為動物保留遷徙通道、允許其他生物生存所需的繁殖地、攝食場及度冬處繼續存在，那麼我們在日常活動中，便必須在兩條路中選擇其一。如果這些通道持續受到人類干擾，那麼自然世界的美麗與多元，日後勢必遭殃，因為現在許多地方已經在蒙受災難。

在密西西比河上游流域，當一波又一波遷徙者再次來臨，那兒的春天與秋季便成為聲與影的慶典；然而，無論是在此地或牠們遷徙路線的其他地方，持續成長的人口威脅到這些鴨、鵝、鶴、雁及鵜鶘所需的棲地。在美國中西部的北邊，農業與郊區的進一步發展，代表了支離破碎的草原、更少的溼地，以及更多的沉積

物與養分被導入河流，就連電線都可能成為空中遷徙動物的死亡陷阱。尤有甚者，一度被保護的鳥類，現在又再度遭到獵捕。

阿爾多・李奧帕德在描繪威斯康辛州西南部自然世界的經典之作《沙郡年記》中寫道：「如果一件事情傾向於維護生物群聚的完整、穩定與美好，那它就是正確的；反之，就是錯誤的。」如何在因應人口日益成長之際，同時維護生物群聚的完整與美好，而不造成威脅，已成為 21 世紀最急迫的問題。動物不會遵守「停止」標誌，也不會採行新路線；牠們只會追隨雨水、食物，以及繁殖的本能；牠們遷徙路線沿途的土地被改變了、遭受干擾及破壞。牛羚能夠穿越塞倫蓋蒂的開闊空間繼續追尋雨水嗎？紅嘴鵜鶘在灣區的度冬處會被油污給玷污嗎？大白鯊能否繼續巡游在寬廣的海洋？遷徙是決定荒野世界節拍的時鐘，它能否為動物未來的世代，以及需要動物也仰慕動物的人類而不停運行下去？

呼呼振翅聲中，加拿大雁暫時停下來進食、休息，然後起飛（對頁），繼續前往北方的繁殖地。
密西西比河沿岸孵化的幼雁正要起飛，展開生命中第一趟遷徙之旅。

白額雁、雪雁、加拿大雁及其他數十種水鳥在遷徙時，以龐大的數量經過密西西比遷徙路線。

在美國內布拉斯加州的哈廷水鳥生育區，這些雁鳥能夠找到充足的食物。這是為水鳥遷徙所設的眾多溼地保護區之一。

公元 1914 年 9 月 1 日是一個不幸的日子，象徵人類對其他動物的暴行。那一天在辛辛那提動物園，世界上最後一隻旅鴿死了。就在兩個世紀前，這些鳥「數量多到無法想像」，一名維吉尼亞的殖民者如此寫道。

大遷徙的未來

牠們成群遷徙，實際數量有好幾百萬，牠們如此之多，以至於在飛掠時遮蔽了太陽。數量多也就成為誘人的目標——旅鴿太容易獵捕、網捉與販售。19 世紀中葉，大城市的餐廳爭相搶購乳鴿，有數十萬隻遭捕捉。在此同時，這些遷徙鳥類需要的森林棲地也被殖民者奪走愈來愈多。旅鴿最後一次可確認的野外目擊記錄是在 1900 年。即使是「數量多到無法想像」的動物也可能滅絕。

如今，許多生物學家、環保人士、關心的民眾正在觀察、監控和努力著——通常必須對抗過度開發、氣候變遷與棲地破壞的趨勢，以拯救自然世界中遷徙的鳥群、獸群和小群動物。不過短短幾十年，從事這項工作的科學與技術已非常先進，每年都有新的進展以及新的見解。

這些動物沒有人類生理和構造上的

這隻鯨鯊 來到水面，可能是想曬太陽，也可能是因為牠攝食的微生物會從較深的海中隨著湧升流浮起。

限制，追蹤以及了解這些動物的行為及其構造功能是一大挑戰。當有些鳥的遷移是在夜晚飛行數千公里，我們要如何研究牠們呢？過去，對牠們的行為的了解，絕大部分來自直接觀察，通常在繁殖及度冬地。想確定牠們飛往何處，就要設法在個別的鳥兒身上做記號。過去的技術相當粗糙，尤其是以 21 世紀的眼光來看的話。

早在 1595 年，就有一隻繫了金屬環、屬於法國國王亨利四世的遊隼在馬爾他被人尋獲。此後，裝腳環的方法一直沒有改變，而且政府、科學家和保育團體仍在運用，藉以查明鳥類的活動。然而裝腳環耗費勞力，提供的資料又有限。如今研究遷徙所採行的技術有更多選擇。

二次大戰期間，聲納和雷達在技術上帶來大躍進。過去常被用來偵測敵軍潛艇的聲納，為科學帶來有關深海散射層每日重大遷徙的第一道線索——無數的浮游動物夜夜朝水面上升，穿過海洋分層前往海面進食。另一方面，上世紀中期的雷達操作員在掃瞄天空時，偶然遇到原因不明的干擾，他們稱為「天使」。其實這些天使是遷徙中的鳥群。現今更加精密的雷達，效用不只是單純偵測天使而已——它能提供高度、速度，以及經過的鳥群中不同鳥類的翅膀振動。

另一種工具則是我們人類上到空中的能力，這對研究野生動物來說是無比珍貴的工具。伯納及麥可·葛資梅克在 1950 年代晚期所做的東非野生動物空中調查中

首開先河；從那時起，科學家和保育專家使空中調查的技術更加精進，他們在海洋尋找行蹤飄忽的鯨魚和海象，並有系統地製作涵蓋地貌的橫貫條形樣區。在這樣的橫貫條形樣區上，麥可‧費伊與保羅‧艾爾坎在 2008 年於南蘇丹發現驚人的瞪羚和羚羊遷徙，數量超過 100 萬隻——與塞倫蓋蒂獸群的數量不相上下。

　　大約與葛資梅克父子在非洲工作的同一時間，其他野生動物生物學家開始使用無線電定位遙測技術。起初他們為遷徙的動物繫上頻寬很窄的無線電項圈，不過此後十年，特高頻項圈為研究移動中的動物帶來劃時代進展，大幅擴展了資料收集的範圍與細節。然而革命的腳步還沒停歇。特高頻之後出現了衛星遙測技術，不需要人類實地收集無線電訊號。訊號會被發送到一個稱為阿哥斯（Argos）的衛星資訊收集系統，資料最後經由網路下載到個人電腦。更多重大突破不久便隨之而來。到了 1990 年，由美國國防部為軍事目的而開發的全球定位系統（GPS），開始用於動物追蹤。將 GPS 結合地理資訊系統（GIS）的地景資料，生物學家坐在辦公室電腦前，就能監視動物的下落以及牠們經過什麼樣的地景。

　　儘管如此，替馴鹿繫上項圈並加以追蹤，比用同樣方式追蹤海牛或鯨魚通常是比較容易的。單單要找到海洋生物並套上項圈就困難許多，需要技巧純熟的潛水伕或是浮潛者。而且追蹤設備因為暴露於鹽水中，或受外力的耗損，很

可能發生故障。它們有時會脫落或需要更換電池，這對處理魚類或海洋哺乳動物來說又是一件難事。有個巧妙辦法可以避免這個困難，就是使用上脫型標識器，這些裝置可在預先設定好的時間脫離並浮到水面。

另外還有水生生物學家羅里・威爾森的最新發明。他不滿足於只有目擊企鵝時才可以研究牠們的行為，於是開發了他喻為飛機黑盒子的記錄器，不過是適用於海洋動物。他稱呼這個火柴盒大小的裝置為「每日日記」，包在樹脂裡的精密儀器能以一秒鐘八次的頻率記錄動物的呼吸率、速度、深度、俯仰、滾動和方向。

每日日記揭露了動物行為的驚人細節。有了它，威爾森可以「看到」企鵝在自然環境中行使其功能，他也發現到牠們會先估計自己需要多少空氣，好在潛水時以最有效的方式使用能量。「捕捉獵物時調整呼吸潛入水中再上升，是一個保存熱量的絕佳方式，」威爾森說，他是國家地理學會的受獎助人。

利用每日日記追蹤象鼻海豹的水下活動，使威爾森了解到牠們「行為像鳥一樣。牠們在水下飛行……小型鳥類起飛時，會拍動翅膀獲得動力，下降時則搭上氣流的順風車。」象鼻海豹也是這麼做。

小型鳥類和其他飛行動物為試圖追蹤牠們的生物學家帶來特殊的挑戰。以大樺

國王企鵝 是體型第二大的企鵝品種（僅次於皇帝企鵝），在大量上岸繁殖前，一年中大部分時間都漫遊於南冰洋。保育組織「國際鳥盟」估計，全球的國王企鵝總數在 200 萬，於亞南極群島廣泛繁殖。

斑蝶為例，這種動物重量不到 0.3 公克，卻能遷移長達 3200 公里。直到不久前，科學家都還在使用紙標籤，將近 40 年前，昆蟲學家弗瑞德‧烏爾卡特找到大樺斑蝶在墨西哥的度冬地，便使用相同的追蹤裝置。但是與生物學家奇普‧泰勒共事的遷徙生態學家馬汀‧維克爾斯基，決心將電子追蹤技術，嘗試用於這種脆弱的生物身上。他和他的團隊設計出一個簡單的裝置，把迷你的助聽器電池連接到鋁製天線上，並成功運用於蜻蜓和蜜蜂。在少許超級膠水的幫助下，維克爾斯基把它黏上大樺斑蝶上，結果奏效了。「現在我們可以比較鯨魚、鳥類、蝙蝠和昆蟲的遷徙，並且描述趨勢，」維克爾斯基說。

甚至連細微的化學線索，近年來也用於追踪動物的遷徙路徑。藉由比對動物細胞中和特定地點植被的穩定同位素氘，科學家可以更深入了解遷徙的路徑。

除了研究動物遷移的目的地與起點，還有如何遷徙的問題。許多遷徙動物似乎都有一些精密的導航配備。生態學家及演化生物學家詹姆斯‧古爾德把導航定義為「感官輸入經由神經處理，以決定方向甚或距離。」他確信大多數的遷徙動物依賴幾種感官輸入。「仰賴精確導航來存活的動物，全都過於複雜，」古爾德說。

牠們大部分似乎是利用視覺線索和對景觀標誌的記憶，做為遷徙路線的引導。除了明顯的視覺線索，許多動物都能夠看見人類看不到的光——紫外線、

偏光和紅外線；除了「太陽羅盤」，牠們也利用這些光的線索來帶路。即使是在陰天或日出前與日落後，偏光能讓遷徙動物繼續朝正確的方向前進。

星星也為許多動物照亮了路，尤其是鳥類，牠們腦袋裡似乎裝有星座圖。鳥類最了不起的本事是，無論朝任何方向前進，牠們具有修正飛行模式的能力，可因應地球的磁偏角、隨著季節變化的夜空及所在緯度位置的改變而加以調整，重新校準方向。

氣味也可能對遷徙動物起到作用，氣味讓牠們熟悉當地環境，作用就跟視覺的地標差不多。而海洋動物則有來自波浪、氣溫和海流所提供的線索。這是否可以解釋赤蠵龜如何找路，橫越 1 萬 1200 公里的海洋回到牠們營巢的海灘？或許某種程度上可以，但最近的研究似乎指出赤蠵龜和許多其他動物一樣，具有自己的生物磁羅盤。科學家早在數十年前就知道大樺斑蝶、鳥類和其他遷徙動物在體內帶有磁鐵礦微粒，這是一種有磁性的礦石，讓他們對地磁場很敏感。牠們能「讀出」地球的地磁，並藉此調整路線。

即使有這些導航工具，也不能保護地球上的遷徙動物免於新的直接威脅──獵人和漁民的過度剝削、棲地的喪失、阻礙牠們原始路線的人造障礙，以及變遷的氣候。「遷徙現象正在世界各地消失，」生態及演化生物學家大衛‧威爾考夫如此警告。沒有遷徙，物種就會

滅絕，生物多樣性的網絡也會消失。

一些組織為了這些長途旅行家，正致力於保護遷徙廊道及保留區。這需要細心的規劃，而非沒有節制的發展或不受約束的農耕，而且需要有更強的公眾意識以及來自政府、社區與企業的參與。

但是對長途跋涉的遷徙動物——白鯊和海龜、北極燕鷗和叉角羚，國家邊境和保留區並不具意義，法律也是如此。法律或許可以在一個國家保護牠們和生存環境，但在另一國卻行不通。牠們過去向來如何遷徙，現在仍然如此，完全不會考慮人類的規則和安排。數十年來，國際間致力提供全球性的保護——對抗景觀和氣候惡化、避免過度狩獵、捕魚和其他濫用，這些努力一部分是有效的。國際捕鯨委員會約定的規範發揮了作用，過去數十年遭獵殺而近乎滅絕的一些鯨豚族群已經回升。但國際間的規範需要複雜的合作、協調和強力貫徹才能收到效果，這一點常被忽略。

「直到此刻，到目前這個世紀，才有一個物種獲得無比的力量，能夠改變他所處世界的本質，那就是人類，」瑞秋‧卡森於 20 世紀中葉寫道。她是對的，但也錯了。那一瞬間已經延續到了另一個世紀，人類比以往更有力量去改變世界的自然狀態——它的大氣和海洋化學、它的輪廓和森林，以及不停繼續著偉大遷徙的動物。

叉角羚是羚羊的近親，也是北美洲遼闊的高原的代表性象徵。牠們的族群在上一個世紀中因遭到獵殺而嚴重縮減，但禁制令已讓牠們的估計數量增加到超過 50 萬隻。然而人類活動正不斷侵入牠們的棲地，野生動物保護機構正致力研究這個物種。

製作人筆記

有一件事我是不會懷念的，那就是在半夜接到電話。

我筆直坐起。現在是凌晨 3 點，電話又響了。我把近來通常會在凌晨 3 點接到電話的原因從頭到尾想了一下：飛機不來了、直升機不能飛、裝備丟了，還有就是動物已經繼續前進了。

震耳欲聾的靜電噪音提醒我這是一通衛星電話。在一片模糊聲中，我聽到製作人詹姆斯·伯恩的聲音，他從西非馬利灼熱的沙漠打來，興高采烈。他剛下直升機，拍到我們的終極目標之一：日出時大象遷徙的空拍畫面，牠們正經過一道絕美的崖面上被稱為「大象之門」的巨大裂隙。

詹姆斯傳來令人振奮的消息。即使遠在 6440 公里以外，他的喜悅是顯而易見的。這是我們這個系列節目憾動人心的一個時刻，是我們夢寐以求、拚了命想得到的代表性畫面之一。

我掛斷電話、躺了下來。這通電話多美妙啊。我意識到等這個系列節目完成時，我最有可能懷念的一件事就是半夜打來的電話⋯⋯

國家地理學會的《大遷徙》對所有相關人士而言，是一段長達三年的冒險旅程。就團隊和個人來說，它也算得上是一段遷徙，是挑戰我們、磨難我們、最終給了我們豐富旅程的一場冒險。三年的攝製，我們召集了世上最棒的野生動物電影工作者來分享他

們的技術，也把他們推到超越以往的極限。正如德瑞克與貝芙莉·休貝爾在波札那酷熱的馬卡迪卡迪鹽沼拍攝斑馬遷徙時所寫給我的信：「這個地方惡劣透了，帶鹽的沙子天天往你颳。草地看似柔軟舒適，但是一坐上去，它卻以尖刺和咬人的螞蟻讓你碰釘子。踏上這座鹽沼宛如參訪但丁的地獄，如果你體力不佳、想找地方遮太陽，這兒是尋不著的，除非去躺在卡車底下（雖然也有會咬人的螞蟻）；那兒，簡單來說，根本是天堂！」

從第一天開始，這個計畫就有點不太一樣。或許是因為本片空前的規模，以及將它付諸實現的龐大資源。這是「國家地理電視」和「國家地理頻道」有史以來最具野心的計畫，我們感受到那份責任和機會的壓力；不過國家地理電視及國家地理頻道的全體工作人員欣然接受了這個挑戰。我們共同累積了幾個令人印象深刻的總計數字：

- 旅行超過 64 萬公里
- 拍攝超過 800 天
- 氣溫從攝氏零下 29 度至 49 度高溫
- 直昇機空拍時數超過 200 小時
- 在鯊魚籠拍攝的時數超過 100 小時，還有
- 掛在樹上拍攝的時數超過 400 小時。

跳脫這些數字來看，和《大遷徙》相關的每個人都在賣命工作，

因為我們明白我們的計畫始於一個迫切的當口：人類的足跡使我們的星球負擔愈來愈重。我們體認到我們的任務是把野生動物穿越時空的旅程記錄下來，然而其中有些旅程或許來日無多。當我們啟程去拍攝這段「地球上最動人的故事」時，這個想法激勵了團隊。

從蘇丹至西伯利亞，從澳洲至亞速爾群島，從祕魯至帛琉，《大遷徙》影片工作人員忍受來自環境的每一個挑戰，以及你想像得到的影片製作混亂情況。我們各地的外景團隊有五十多個，每個團隊都帶著國家地理影片製作群在世界各地奮鬥，最終都成功帶著偉大的故事回家。安迪‧卡薩格蘭德長時間拍攝塞倫蓋蒂的獵豹；亞當‧拉韋奇與北極的太平洋海象共游；馬克‧藍伯不斷搜尋100萬隻小紅狐蝠（這100萬隻遷徙的蝙蝠躲哪兒去了？）；尼爾‧瑞堤格築起高明的麝鼠人造巢穴，讓他從貼身距離拍攝到密西西比河上遷徙的鳥兒。每個說故事的人都肩負學會的核心使命，「喚起世人對地球的關懷。」

諷刺的是，這部影片歷經三年拍攝，是國家地理電視歷來最長的單獨製片，但我們卻感受到光陰苦短。在福克蘭群島，曾經繁盛的跳岩企鵝和巴布亞企鵝群體剩下這麼少，使影片製作人凱蒂‧鮑爾與馬克‧史密斯大感驚訝；在墨西哥山間，史蒂芬妮‧亞特拉斯永遠不會忘記，她搭乘超輕型飛行器飛越遭到非法砍伐的森林，數不盡的大樺斑蝶曾經以那裡為家；在婆羅洲，約翰‧畢納姆與傑西‧奎恩拍攝到壯觀的長臂猿的珍貴畫面，

侵占牠們家園的棕櫚種植園如今只差一步就追上牠們；在馬利，詹姆斯‧伯恩與鮑伯‧普厄拍攝到最後一批遷徙中的龐大沙漠象群，如今牠們小心翼翼地穿越新建的農場和村莊。

總而言之，國家地理電視與國家地理頻道製作團隊的所有人，都受到旅程的啟發與點醒。在拍攝這些為了存活而要奔跑、泅泳及飛行的無數動物當中的一小部分後，我們得到更深的驚奇和啟示。我們也對地球的脆弱有了進一步的認識。人類也是遷徙動物，我們是一個停不下來的物種，採取行動的衝動是我們之所以成功並主宰地球的關鍵。但人類和野生動物該如何攜手走向未來呢？

三年前，《大遷徙》團隊野心勃勃：我們要從根本上改變觀眾對遷徙動物的反應。一開始，我們會幻想觀賞過這個節目的人，或許第二天醒來凝視著對面的原野、眺望著海洋，或是往天空看時，會有新的反應。如果他們看見一群遷徙中的動物，不會只是停頓了一下，然後說：「哇，真漂亮！」反而是停下來說：「哇，我為你們加油……」

我們希望影片中和書中的影像可以當作借鏡，提醒我們，只有當我們一起前進並且將彼此的存亡視為一體時，生命才能繼續存在。

大衛‧漢林
國家地理學會總部
美國華盛頓特區

行動呼籲

國家地理學會成立於 1888 年，是全球最大的非營利科學教育機構，以增進與普及地理知識為宗旨，使命在於「啟發人們對地球的關心」。

藉由獎助重要的研究，同時發展公眾參與及教育計畫、強調世界各地面臨的環境挑戰，國家地理的計畫支持了學會使命。許多故事透過學會在全球各地的媒體傳達出去，這些故事來自我們對有遠見的人士及開創性計畫的投入。《大遷徙》充分反映了這項目標。

國家地理學會「使命計畫」每年獎助超過 300 名探險家與科學家。使命計畫支持的計畫如下：

- 透過創新的田野調查與科學來探索
- 培養未來世代的才能與技術
- 教育青年及成人擁抱他們周圍的世界

「研究與探索委員會」是國家地理最大的獎助計畫，在國家地理的使命範疇內，主要支持世界各地以田野為基礎的科學調查。研究與探索委員會已在全球獎助超過 9200 個計畫及探險。委員會的專家每年頒發超過 200 項獎助，當中有許多是給經驗豐富的科學家、研究人員和探險家；他們是相關領域的領袖，將新穎的方法運用於開創性的田野調查，主要研究領域包括人類學、考古學、天文學、生物學、地理學、地質學、海洋學和古生物學。

研究與探索委員會獎助超過 200 項動物遷徙研究計畫，包括弗瑞德・烏爾卡特在 1970 年代的開創性工作，他是大樺斑蝶遷徙領域的先鋒；法蘭克・克雷海德利用無線電發射機和衛星，在北美灰熊和老鷹的棲地進行研究；還有芭芭拉・布拉克，她拓展了我們對鮪魚和其他物種在世界海洋遷移的知識。

「保育信託」是研究與探索委員會獎助的補助計畫，支持世界各地的保育田野工作，以及對全球議題產生創造性的解決辦法，並支持使保育和日常生活結合、使個人能採取行動的公眾教育活動。大部分的受獎助人在他們那一行雖然剛起步，卻展現出成為

該領域領導者的潛力；當其他機構不願資助尚且默默無聞的科學家的創新主意時，國家地理在他們最需要的時候給予支持。

馬汀‧維克爾斯基是接受保育信託獎助的實例，也在《大遷徙》扮演重要角色。維克爾斯基正帶領發展「行動銀行」，這是一個空前的動物遷徙資料庫，有助於長期比較從前和新發現的動物的移動資料，以顯示氣候變遷、景觀改變和其他因素如何驅使動物移動。

「國家地理探索會議」是一項獎助計畫，除了贊助探索正經歷重大的環境或文化改變的區域，還有地球上未經詳細記錄或鮮為人知的地區。自 1998 年創始以來，探索會議已獎助的計畫橫跨整個探索及冒險領域。國家地理希望能透過這些計畫產生的偉大故事，促使人們對這個世界和其居民有更深一層的了解。

探索會議受獎助者、在《大遷徙》中介紹的羅里‧威爾森，利用新技術來研究各種海洋動物；從極區到熱帶，他在多變的環境下工作。雖然動物遷徙是物種生存最終所必須的行動，人們對牠們要付出的代價卻少有認識。威爾森的研究旨在確定這些動物在荒野不受阻撓地活動必須付出什麼代價，並且探索個別物種為了提高存活機會所使用的特殊方式。

探索會議及學會其他提供獎助的組織，經費來自個人、企業和基金會的慷慨捐款支持。

想知道如何支持這些計畫，請上網站：

http://www.natgeotv.com/migrations
http://www.nationalgeographic.org/field

關於影片

如同《大遷徙》揭示的「百萬齊發，存亡一體」。國家地理頻道《大遷徙》節目賦予「移動」一詞嶄新意義。這個全球播映的節目共有七集，讓世界各地的觀眾看見無數動物踏上艱鉅的旅程，以確保自己的族群得以存續。拍攝範圍從地上到天空、從樹上到懸崖、在浮冰上及水下，大遷徙敘述了眾多地球上的物種和牠們遷徙時艱鉅、充滿力量的故事；同時以驚人的高畫質清晰畫面，揭露新的科學發現。

探索聖誕島的紅地蟹令人讚嘆的遷徙；還有澳洲的狐蝠；哥斯大黎加的軍蟻；非洲的牛羚、斑馬和馬利象；世界各地海洋中的白鯊；帛琉微小的浮游生物和水母；以及白耳水羚——25 年來第一次有攝影小組在蘇丹的土地上看到牠們。

在這個瞬息萬變的世界中，這些物種脆弱的存在，以及攸關牠們生死、尋求生存的新知識，突顯出這些故事有多麼美。國家地理大遷徙整個團隊實地耗時兩年半，在七大洲、20 個國家旅行 67 萬公里，並在 2010 年秋季呈獻這部空前的電視鉅作。

更多關於這部影片的訊息請見網站：http://www.ngc.com.tw/migrations。

「大遷徙」由影星亞歷 · 鮑德溫配音，安東 · 山科原創節目配樂，由國家地理電視為國家地理頻道製作。

大遷徙影片製作團隊

David Hamlin, *Series Producer*
Eleanor Grant, *Senior Writer*
James Byrne, *Producer*
Katie Bauer, John Benam, and Alicia Decina,
   Coordinating Producers
Stephanie Atlas, *Associate Producer*
Jesse Quinn, *Series Production Coordinator*
Emmanuel Mairesse, *Editor, Episodes 1 and 4*
Salvatore Vecchio, *Editor, Episode 2*
Christine Jameson Henry, *Editor, Episode 3*
Michelle Manassah, *Production Manager*
Chesapeake Sacks and Teresa Neva Tate, *Researchers*

國家地理電視工作人員

Michael Rosenfeld, *President*
Kathy Davidov, *Executive Vice President, Production*
Keenan Smart, *Executive Producer, Natural History*
Anne Tarrant, *Senior Producer, Natural History*
Susan Lach, *Post Production Supervisor*
Braden McIlvaine, *Director, Post Production Operations*
Scott Wyerman, *Senior Vice President,*

Standards and Practices
Todd Hermann, *Director, Research*

國家地理頻道工作人員

Char Serwa, *Executive Producer*
Juliet Blake, *Senior Vice President of Production*
Steve Burns, *Executive Vice President of Content,*
   NGC U.S.
Sydney Suissa, *Executive Vice President of Content,*
   NGC International

主要拍攝人員

John Benam
Andy Brandy Casagrande IV
Martin Dohrn
Graeme Duane
Mark Emery
Justine Evans
Evergreen Films
Wade Fairley
Richard Fitzpatrick
Richard Foster
Johnny Friday

David Hannan
Clint Hempsall
Jonathan Jones
Dereck Joubert
Mark Lamble
Alastair MacEwen
John Mans
Richard Matthews
Andy Mitchell
Shane Moore
Bob Poole
Adam Ravetch
Neil Rettig
Joe Riis
Rick Rosenthal
Andrew Shillabeer
Mark Smith

主要科學顧問

Martin Wikelski
Rory Wilson
Iain Couzin

參考書目

Adamczewska, Agnieszka M., and Stephen Morris. "Ecology and Behavior of *Gecarcoidea natalis,* the Christmas Island Red Crab, during the Annual Breeding Migration." *Biological Bulletin* (June 2001), 305–320.

Alderfer, Jonathan, ed. *National Geographic Complete Birds of North America.* National Geographic Society, 2006.

Baughman, Mel, ed. *Reference Atlas to the Birds of North America.* National Geographic Society, 2003.

Bingham, Mike. "Rockhopper Penguin." International Penguin Conservation Work Group, 2010. Available online at www.penguins/cl.

Bonner, Nigel. *Seals and Sea Lions of the World.* Facts on File, 1999.

Byers, John A. *American Pronghorn: Social Adaptations and the Ghosts of Predators Past.* University of Chicago Press, 1997.

Carson, Rachel. *Silent Spring.* Houghton Mifflin, 1962.

Department of Sustainability and Environment, State of Victoria, 2001. "About Flying-foxes." Available online at www.dse.vic.gov.au.

De Roy, Tui, Mark Jones, and Julian Fitter. *Albatross: Their World, Their Ways.* Firefly Books, 2008.

Dingle, Hugh. *Migration: The Biology of Life on the Move.* Oxford University Press, 1996.

Fay, J. Michael, Paul Elkan, Malik Marjan, and Falk Grossman. "Wildlife Conservation Society Aerial Surveys of Wildlife, Livestock, and Human Activity in and around Existing and Proposed Protected Areas of Southern Sudan, Dry Season 2007." Wildlife Conservation Society in Cooperation with the Government of Southern Sudan.

Forsberg, Michael. *Great Plains: America's Lingering Wild.* University of Chicago Press, 2009.

Fryxell, J. M., and A.R.E. Sinclair. "Seasonal Migration by White-eared Kob in Relation to Resources." *African Journal of Ecology* (March 1988), 17–31.

Garbutt, Nick. *Wild Borneo: The Wildlife and Scenery of Sabah, Sarawak, Brunei and Kalimantan.* MIT Press, 2006.

Gerrard, Jon M., and Gary R. Bortolotti. *The Bald Eagle: Haunts and Habits of a Wilderness Monarch.* Smithsonian Institution Press, 1988.

Glick, Daniel. "End of the Road?" *Smithsonian Magazine* (January 2007). Available online at www.smithsonianmag.com/science-nature/pronghorn.html.

Gordon, Jonathan. *Sperm Whales.* Voyageur Press, 1998.

Gotwald, William H., Jr. *Army Ants: The Biology of Social Predation.* Cornell University Press, 1995.

Grossman, Falk, Paul Elkan, Paul Peter Awol, and Maria Carbo Penche. "Surveys of Wildlife, Livestock, and Human Activity in and around Existing and Proposed Protected Areas of Southern Sudan, Dry Season 2008." Wildlife Conservation Society in Cooperation with the Government of Southern Sudan.

Grzimek, Bernhard. *Serengeti Shall Not Die.* E.P. Dutton and Co., 1959.

Ham, Anthony. "The Lost Herd." *Virginia Quarterly Review* (Winter 2010), 4–26.

Heyman, William D., Rachel T. Graham, Björn Kjerfve, and Robert E. Johannes. "Whale sharks *Rhincodon typus* aggregate to feed on fish spawn in Belize." *Marine Ecology Progress Series 215* (May 2001), 275–282.

Hoare, Ben. *Animal Migration: Remarkable Journeys in the Wild.* University of California Press, 2009.

Holldobler, Bert, and Edward O. Wilson. *The Ants.* Harvard University Press, 1990.

Hughes, Janice M. *The Migration of Birds: Seasons on the Wing*. Firefly Books, 2009.

Jay, Chadwick V., and Anthony S. Fischbach. "Pacific Walrus Response to Arctic Sea Ice Losses." United States Geological Survey Report, 2008. Available online at purl.access.gpo.gov/GPO/LPS96746.

Kgathi, Dorothy K., and Mary C. Kalikawe. "Seasonal Distribution of Zebra and Wildebeest in the Makgadikgadi Pans Game Reserve, Botswana." *African Journal of Ecology* (April 1993), 210–219.

Klimley, A. Peter, and David G. Ainley, eds. *Great White Sharks: The Biology of* Carcharodon carcharias. Academic Press, 1996.

Loope, Lloyd L., and Pau D. Krushelnycky. "Current and Potential Ant Impacts in the Pacific Region." *Proceedings of the Hawaiian Entomology Society* (December 2007), 69–73.

National Aeronautics and Space Administration. "NASA Ice Images Aid Study of Pacific Walrus Arctic Habitats." (December 2006). Available online at www.nasa.gov/centers/ames/research/2006/walrus.html.

Payne, Junaidi, and Cede Prudente. *Orangutans: Behavior, Ecology, and Conservation*. MIT Press, 2008.

Poole, Robert M. "Heartbreak on the Serengeti." *National Geographic* (February 2006). Available online at ngm.nationalgeographic.com/ngm/0602/feature1.

Riedman, Marianne. *The Pinnipeds: Seals, Sea Lions, and Walruses*. University of California Press, 1990.

Robinson, Carlos J., and Jaime Gómez-Gutiérrez. "Daily Vertical Migration of Dense Deep Scattering Layers Related to the Shelf-break Area Along the Northwest Coast of Baja California, Mexico." *Journal of Plankton Research* (1998), 1679–1697.

Scott, Jonathan. *The Great Migration*. Elm Tree Books, 1988.

Shoshani, Jeheskel. *Elephants: Majestic Creatures of the Wild*. Facts on File, 2000.

Sinclair, A.R.E., and M. Norton-Griffiths, eds. *Serengeti: Dynamics of an Ecosystem*. University of Chicago Press, 1979.

Strange, Ian. "The Falklands' Johnny Rook." *Natural History* (1986), 54–61.

Tickel, W.L.N. *Albatrosses*. Yale University Press, 2000.

Urquhart, Fred A. *The Monarch Butterfly: International Traveler*. Nelson-Hall, 1987.

Vardon, Michael, et al. "Seasonal Habitat Use by Flying-foxes, *Pteropus alecto* and *P. scapulatus* (Megachiroptera), in Monsoonal Australia." *Journal of Zoology* (2001), 523–535.

Ward, Carlton, Jr. "Restless Spirits." *Africa Geographic* (July 2007), 34–41.

Watson, Rupert. *Salmon, Trout, and Charr of the World: A Fisherman's Natural History*. Swan Hill Press, 1999.

Whitehead, Hal. *Sperm Whales: Social Evolution in the Ocean*. University of Chicago Press, 2003.

Wilcove, David S. *No Way Home: The Decline of the World's Great Animal Migrations*. Island Press, 2008.

Wildlife Conservation Society. "Massive Migration Revealed." Available online at www.wcs.org/new-and-noteworthy/massive-migration-revealed.aspx.

Williams, Tony D. *The Penguins*. Oxford University Press, 1995.

Wilson, Edward O. "Army Ants: Inside the Ranks." *National Geographic* (August 2006). Available online at ngm.nationalgeographic.com/2006/08/army-ants/moffett-text/1.

Yates, Steve. *The Nature of Borneo*. Facts on File, 1992.

Zimmer, Carl. "From Ants to People, an Instinct to Swarm." *New York Times*, November 13, 2007. Available online at www.nytimes.com/2007/11/13/science/13traff.html.

關於作者

K.M. 科斯提爾曾擔任《國家地理》雜誌與國家地理叢書部資深編輯，撰寫與編輯的書籍、文章囊括廣泛的題材。過去一年來，她編輯關於北極周圍變遷中的文化和氣候條件的重要書籍，以及北美大平原的自然與人類史。她也撰寫了《亞伯拉罕 · 林肯的非凡年代》，由國家地理叢書部和亞伯拉罕林肯總統圖書館共同出版、《1776 年：獨立戰爭之威廉斯堡新觀》，以及國家地理兒童叢書《迷途男孩、迷途女孩：逃避蘇丹內戰》。

大衛 · 漢林，電影工作者，曾獲得艾美獎。他是國家地理電視的資深製作人與特別企劃，以及《大遷徙》系列節目製作人。

影像圖說

圖片來源

2-3, Paul Nicklen; 4, Paul Nicklen; 8-9, Frans Lanting; 10-11, Randy Olson; 12-13, Anup & Manoj Shah; 17, Frans Lanting; 18, Joel Sartore; 21, Paul Nicklen; 23, Mitsuaki Iwago/Minden Pictures; 24 (LE), Beverly Joubert; 26-27, Anup & Manoj Shah; 28-29, John Hicks; 30-31, Ingo Arndt/Foto Natura/Minden Pictures; 32-33, Hiroya Minakuchi/Minden Pictures; 35, Anup & Manoj Shah; 40, Anup & Manoj Shah; 41, Anup & Manoj Shah; 43, Mitsuaki Iwago/Minden Pictures; 44-45, Mitsuaki Iwago/Minden Pictures; 49, David Hamlin; 53, Peter Arnold, Inc./Alamy; 56-57, John Hicks; 59, Jamie Dertz, National Geographic My Shot; 63, Ingo Arndt/Foto Natura/Minden Pictures; 64-65, Stephanie Atlas; 66, Jim Brandenburg/Minden Pictures; 71, Flip Nicklin/Minden Pictures; 75, Flip Nicklin; 76-77, Flip Nicklin; 77 (RT), Flip Nicklin; 79 (UP RT), James Byrne; 79 (UP LE), Martin Withers/Flpa/Minden Pictures; 80-81, Paul Nicklen; 82-83, Christian Ziegler/Minden Pictures; 84-85, George Steinmetz; 86, Paul Nicklen; 87, Paul Nicklen; 88-89, Raoul Slater/Lochman Transparencies; 94-95, Frans Lanting; 95 (RT), Frans Lanting; 96-97, Frans Lanting; 98, Paul Nicklen; 99 (LE), Paul Nicklen; 99 (RT), John Eastcott & Yva Momatiuk; 100-101, Paul Nicklen; 103, Frans Lanting; 104, Paul Nicklen; 109, Christian Ziegler/Minden Pictures; 112, Christian Ziegler/Minden Pictures; 114 (UP), Mark Moffett/Minden Pictures; 114 (LO), Mark Moffett/Minden Pictures; 115, Christian Ziegler/Minden Pictures; 116, Mark Moffett/Minden Pictures; 117, Mark Moffett/Minden Pictures; 118-119, Mark Moffett/Minden Pictures; 121, Ingo Arndt/ Foto Natura/Minden Pictures; 124, all photos by James Byrne; 125, Chris Johns; 126-127, James A. Sugar; 129, Mark Conlin/Larry Ulrich Stock; 133, Michio Hoshino/Minden Pictures; 134 (LE), Paul Nicklen; 134-135, Paul Nicklen; 136, Michael S. Quinton; 137, Melissa Farlow; 139, KEO Films; 142, Piotr Naskrecki/ Minden Pictures; 143 (LE), Tim Laman; 143 (RT), Tim Laman; 144-145, Roy Toft; 146-147, Lochman Transparencies; 150-151, Anup & Manoj Shah; 152-153, Tim Laman; 154-155, Brian Skerry; 156-157, Joel Sartore; 158-159, Paul Nicklen; 161, Robert B. Haas; 164-165, Richard Du Toit/Minden Pictures; 165 (RT), Mitsuaki Iwago/Minden Pictures; 166-167, Anup & Manoj Shah; 168 (LE), Robert B. Haas; 168-169, Marc Moritsch; 170-171, Beverly Joubert; 173, Colin Parker, National Geographic My Shot; 176 (LE), Kai Benson; 176-177, Brian Skerry; 178, Tim Laman; 179, Tim Laman; 181, Frans Lanting; 184-185, Tim Laman; 185 (RT), Cede Prudente/NGT; 186 (LE), Tim Laman; 186 (RT), Cede Prudente/NGT; 187 (LE), Tim Laman; 188, Tim Laman; 189, Tim Laman; 190 (LE), Mattias Klum; 190-191, Tim Laman; 193, Joe Riis; 196 (LE), Joe Riis; 196-197, Joel Sartore; 198, Joe Riis; 200 (LE), Joe Riis; 200-201, Joe Riis; 202-203, Michael Durham/

Minden Pictures; 205, Joel Sartore; 209, Paul Nicklen; 210-211, Paul Nicklen; 211 (RT), Paul Nicklen; 212, Paul Nicklen; 213, Paul Nicklen; 216-217, Mike Parry/Minden Pictures; 218-219, Carlton Ward Jr.; 222-223, Joel Sartore; 225, Mauricio Handler; 228-229, Rich Reid; 230, Tim Fitzharris/Minden Pictures; 232-233, Michael Durham/Minden Pictures; 234, Brian Skerry; 235, Mauricio Handler; 237, Carlton Ward Jr.; 240, Carlton Ward Jr.; 242-243, Carlton Ward Jr.; 244-245, Carlton Ward Jr.; 246-247, Steve McCurry; 247 (RT), Carlton Ward Jr.; 254-255, Tim Laman; 255 (RT), Tim Laman; 261, Michael Forsberg; 264-265, Jim Brandenburg/Minden Pictures; 267, Pal Hermansen/Getty Images; 268-269, Tim Fitzharris/Minden Pictures; 270, Yva Momatiuk & John Eastcott/Minden Pictures; 271 (LE), Thomas Mangelsen/Minden Pictures; 273, Macduff Everton; 274 (LE), Klaus Nigge; 274-275, Annie Griffiths Belt; 276, Thomas Kitchin & Victoria Hurst/Getty Images; 280-281, Jim Brandenburg/Minden Pictures; 283, Paul Nicklen; 286, Joel Sartore; 291, Jim Brandenburg/Minden Pictures.

以下頁面註明的合成圖由數張照片接合而成,每張照片緊密相連,創造出獨特的圖案,傳達出動態與遷徙的規模。照片本身則未經任何修改。

36-37 (L to R), Michael Poliza, Mitsuaki Iwago/Minden Pictures, Anup & Manoj Shah, Anup & Manoj Shah; 46-47 (L to R), Suzi Eszterhas/Minden Pictures, Suzi Eszterhas/Minden Pictures,Suzi Eszterhas/Minden Pictures, Anup and Manoj Shah, Anup and Manoj Shah, Chris Johns; 50-51 (L to R), John Hicks, John Hicks, National Geographic Television (NGT), Roger Garwood, David Hamlin; 54-55 (L to R), Frederique Olivier, John Hicks, NGT, NGT, NGT, NGT; 60-61, all photos by NGT; 68-69 (L to R), James L. Amos, Stephanie Atlas, Thomas Marent/Minden Pictures; 72-73 (L to R), Patricio Robles Gil/Minden Pictures, Flip Nicklin/Minden Pictures, Flip Nicklin; 92-93, all photos by Frans Lanting; 106-107 (L to R), Frans Lanting, Paul Nicklen; 110-111, all photos by Christian Ziegler/Minden Pictures; 122-123, all photos by Paul Elkan and Mike Fay; 130-131 (L to R), NGT, Larry Ulrich, Paul Nicklen; 140-141 (L to R), Konrad Wothe/Minden Pictures, Lochman Transparencies, KEO Films; 162-163 (L to R), Michael and Patricia Fogden/Minden Pictures, Anup and Manoj Shah; 174-175, all photos by NGT; 182-183 (L to R), Tim Laman, Mattias Klum, Tim Laman; 194-195 (L to R), Michael Durham/Minden Pictures, Patricio Robles Gil/Minden Pictures, Joe Riis; 206-207, all photos by NGT; 226-227 (L to R), Mauricio Handler, Brandon Cole/Visuals Unlimited/Getty Images, David Doubilet; 238-239 (L to R), Michael Fay, Carlton Ward Jr., Carlton Ward Jr.; 248-249, all photos by Carlton Ward Jr.; 252-253, all photos by NGT; 262-263, all photos by Michael Forsberg; 278-279 (L to R), Michael Forsberg, Sumio Harada/Minden Pictures, Michael Forsberg.

GREAT
MIGRATIONS
大遷徙

K. M. Kostyal

作　　者　K. M. 科斯提爾

翻　　譯　鍾慧元　曾慧蘭　吳珮詩　林佳慧

審　　定　吳聲海

總 編 輯　李永適

責任編輯　金智光

美術編輯　徐曉莉

發行人　李永適

出版者　大石國際文化有限公司

地　址　台北市羅斯福路4段68號12樓之27

電　話　（02）2363-5085

傳　真　（02）2363-5089

初　版　2010年12月

定　價　新台幣950元（含稅）

ISBN　978-986-863-371-1

版權所有　翻印必究

＊ 本書如有破損、缺頁、裝訂錯誤，請寄回本公司更換

總代理　大和書報圖書股份有限公司

地　址　台北縣新莊市五工五路 2 號

電　話　（02）8990-2588

傳　真　（02）2299-7900

國家圖書館出版品預行編目（CIP）資料

大遷徙 Great Migrations／K・M・科斯提爾（K・M Kostyal）作；
鍾慧元等翻譯／初版／台北市／大石文化／2010〔民99〕／面：
公分／譯自：Great Migrations／ISBN：978-986-863-371-1（精裝）

1. 動物遷徙　2. 野生動物

　　383.711　　　99022338

國家地理學會是世界上最大的非營利科學與教育組織之一。學會成立於1888年，以「增進與普及地理知識」為宗旨，致力於啟發人們對地球的關心。國家地理透過雜誌、電視節目、影片、音樂、電台、圖說、DVD、地圖、展覽、活動、學校出版計畫、互動式媒體與商品來呈現世界。國家地理學會的會刊《國家地理》雜誌，以英文及其它32種語言發行，每月有3500萬讀者閱讀。國家地理頻道在165個國家以34種語言播放，有3.1億個家庭收看。國家地理學會資助超過9200項科學研究、環境保護與探索計畫，並支持一項掃除「地理文盲」的教育計畫。

Published by the National Geographic Society

John M. Fahey, Jr., *President and Chief Executive Officer*

Gilbert M. Grosvenor, *Chairman of the Board*

Tim T. Kelly, President, *Global Media Group*

John Q. Griffin, *Executive Vice President; President, Publishing*

Nina D. Hoffman, *Executive Vice President;
	President, Book Publishing Group*

Prepared by the Book Division

Barbara Brownell Grogan, *Vice President and Editor in Chief*

Marianne R. Koszorus, *Director of Design*

Lisa Thomas, *Senior Editor*

Carl Mehler, *Director of Maps*

R. Gary Colbert, *Production Director*

Jennifer A. Thornton, *Managing Editor*

Meredith C. Wilcox, *Administrative Director, Illustrations*

Staff for This Book

Garrett Brown, *Editor*

Jane Menyawi, *Illustrations Editor*

Cameron Zotter, *Designer*

Sam Serebin, *Photo Montage Consultant*

Robert Waymouth, *Illustrations Specialist*

Paul Hess, *Picture Captions Writer and Copy Editor*

Scott Pospiech and Teresa Tate, *Researchers*

Steven D. Gardner and Gregory Ugiansky, *Map Research
	and Production*

Mike Horenstein, *Production Manager*

Manufacturing and Quality Management

Christopher A. Liedel, Chief Financial Officer

Phillip L. Schlosser, Vice President

Chris Brown, Technical Director

Nicole Elliott, Manager

Rachel Faulise, Manager